学术研究专著·材料科学与工程

羟基磷灰石基生物复合涂层研究

曹丽云　黄剑锋　海国娟　等著

U0195996

西北工业大学出版社

西安

图书在版编目(CIP)数据

羟基磷灰石基生物复合涂层研究/曹丽云等著. —
西安:西北工业大学出版社,2019.11
ISBN 978 - 7 - 5612 - 6760 - 8

Ⅰ.①羟…　Ⅱ.①曹…　Ⅲ.①羟基-磷灰石-生物材
料-复合材料-涂层-研究　Ⅳ.①P578.92

中国版本图书馆 CIP 数据核字(2019)第 237176 号

QIANGJILINHUISHIJI SHENGWU FUHE TUCENG YANJIU

羟 基 磷 灰 石 基 生 物 复 合 涂 层 研 究

责任编辑: 朱晓娟		**策划编辑:** 雷　军	
责任校对: 王梦妮		**装帧设计:** 李　飞	

出版发行: 西北工业大学出版社

通信地址: 西安市友谊西路 127 号　　邮编:710072

电　　话: (029)88491757,88493844

网　　址: www.nwpup.com

印 刷 者: 陕西向阳印务有限公司

开　　本: 787 mm×1 092 mm　　1/16

印　　张: 8.25

字　　数: 196 千字

版　　次: 2019 年 11 月第 1 版　　2019 年 11 月第 1 次印刷

定　　价: 36.00 元

如有印装问题请与出版社联系调换

前　言

　　羟基磷灰石是非常重要的生物陶瓷材料,因其具有良好的生物相容性和与生物体组织良好的物理化学相容性,在生物医药和骨组织替代材料领域有着十分广泛的应用。纳米羟基磷灰石能够改善羟基磷灰石脆性大和韧性不足的缺点,且在功能上表现出对癌症细胞的抑制作用。因此,对纳米羟基磷灰石制备方法及其医学应用的研究已越来越受到研究工作者的关注。选用一定的方法制备纳米羟基磷灰石基生物复合涂层,如将碳/碳复合材料的优良力学性能与纳米羟基磷灰石结合,或者利用具有较高的比强度、抗疲劳性能、优良抗腐蚀能力和组织相容性的钛及钛合金材料,有望制备出新一代理想的骨替代和修复材料。

　　通过多年的研究,我们对纳米羟基磷灰石这种材料及纳米羟基磷灰石基生物复合涂层材料有了较全面的认识。为了进一步促进纳米羟基磷灰石生物材料的发展,结合国内外研究进展,本团队系统地总结了近几年在该领域的研究成果,编写了本书。

　　本书共 6 章,由曹丽云教授撰写,研究生海国娟等其他作者做了大量的图表和文字工作。本书主要涉及纳米羟基磷灰石材料及其生物复合涂层的制备工艺、结构表征等,阐述了水热电泳沉积法对制备纳米羟基磷灰石复合涂层结构及性能的影响规律。本书通过建立相关的物理和化学反应动力学方程,深入研究合成过程中的作用机理,为从事相关领域研究的科研工作者提供参考。

　　在这里特别感谢为本书的撰写提供较大帮助的黄剑锋教授、王文静和李颖华硕士,同时也对本书所引用的参考文献的作者表示衷心的感谢!

　　鉴于羟基磷灰石基复合涂层涉及内容广泛,其发展也是日新月异,本书仅总结本团队近几年的研究成果及其相关内容。

　　由于水平有限,本书难免有疏忽和不妥之处,恳请广大读者指正和赐教。

曹丽云

于陕西科技大学

2019 年 5 月

目　录

第1章
绪　　论

1.1　生物材料简介

　　生物材料也称为生物医用材料或仿生材料,是指用来修复或替代损伤的组织和器官,并使其功能恢复的材料。生物材料分为生物聚合物材料、生物陶瓷材料、生物金属材料和生物医用复合材料等几类。植入体内的材料在人体复杂的生理环境中,长期受物理、化学、生物电等因素的影响,同时各组织以及器官间普遍存在着许多动态的相互作用,因此生物医用材料必须满足下面几项要求:①具有良好的生物相容性和物理相容性,保证材料复合后不出现有损机体生物学性能的现象;②具有良好的生物稳定性,材料的结构不因体液作用而变化,同时材料的组成不引起生物体的生物反应;③具有足够的强度和韧性,能够承受人体的机械作用力,所用材料与组织的弹性模量、硬度、耐磨性能相适应,增强体材料还必须具有高的刚度、弹性模量和抗冲击性能;④具有良好的灭菌性能,保证生物材料在临床上的顺利应用。此外,生物材料要有良好的成型和加工性能,不能因成型加工困难而使其应用受到限制等。

　　生物聚合物材料具有质量轻、质地柔软、摩擦因数小、比强度大、耐腐蚀性好的优点;其缺点是机械强度及耐冲击性比金属材料小,耐热性较差,容易变形、变质。目前,生物聚合物材料被用于人体软、硬组织修复(如作为人工骨、骨水泥、人工乳房、人工耳、人工鼻等),制造人工器官所用的材料及其他医用辅助材料,还被广泛应用在合成血液相容材料、组织相容材料、生物降解材料以及高分子药物等方面。

　　生物聚合物材料按降解性质可以分为非降解生物聚合物材料和可生物降解生物聚合物材料两大类。常用的非降解生物聚合物材料包括聚乙烯、聚甲基丙烯酸甲酯、聚氨酯、聚硅氧烷、聚酯等。常用的可生物降解聚合物材料有聚乳酸(PLA)、聚羟基乙酸(PGA)、共聚物(PLGA)(如聚羟基丁酸、聚羟基戊酸及聚乳酸与聚羟基乙酸共聚物等)以及胶原、甲壳素、多糖等。

　　生物聚合物材料按来源可分为天然高分子材料和合成高分子材料。天然高分子材料主要包括胶原、明胶、纤维蛋白、海藻酸钙、甲壳素及其衍生物等,该类材料优点是生物相容性好,利于细胞黏附、增殖和分化,缺点是缺乏必要的机械强度。合成高分子材料主要包括聚乳酸、聚羟基乙酸等。合成高分子材料可通过选择不同合成方式和成型工艺,调整聚合物相对分子质量、相对分子质量分布,控制其力学性能和降解速率,但其存在细胞亲和性差、致炎症反应等问题。基于此,目前生物聚合物材料很少被单独使用,经常将其与其他具有更高生物活性的材料复合来改善性能,其中与羟基磷灰石(Hydroxyapatite,HA)的复合就是研究热点之一。

生物医用金属材料是较早使用的生物医学材料,它作为人工器官的修复和代用材料已有100多年的历史。常用的生物医用金属材料有不锈钢、钴合金(Co,Cr,Ni)、钛合金、形状记忆合金、医用磁合金等。目前,植入体内用的不锈钢大部分是奥氏体钢,常用型号有 AISI316、316L 和 317,主要用于骨的固定、人工关节、齿冠及齿科矫形。钴、铬、钼合金通常称为钒钢,商品牌号为 Vitallium,是优质的骨修复医用金属材料。钛金属的密度与人骨相近,但纯钛的强度低,故通常使用钛合金。钛合金主要用作人工牙根、人工下颌骨和颅骨的修复。钛镍合金在特定温度下具有"形状记忆"功能,其记忆效应是基于热弹性马氏体合金的性质,用钛镍合金制成的制品,在低于马氏体转变温度时具有高度的柔韧性,此时可使之产生一定程度的形变,待温度升到转变温度以上时,制品又会恢复原来的形状。通过改变合金中钛和镍的质量分数,可把转变温度调节到人的体温附近。在临床使用中,将合金在高于人体温度下制成所需的形状,再在低温下使之变形成为易于植入的形状,待植入后,温度回升到人的体温,制品会恢复到按需要所事先设计的形状。美国有专门的厂家生产钛镍合金制品,如齿科矫形弓丝及骨科用的固定件等。

金属材料具有原料来源广泛、易加工成型、制造成本低、消毒性好的特点,常用来做人工器官的针、钉、板等器件,目前已在诸如畸齿整形、脊柱矫形、断骨接合、颅骨修补、心血管支撑等方面有广泛的应用。同时它也有较大的缺点:材料的弹性模量大,生物相容性较差,易腐蚀而造成金属离子对生物体的伤害,腐蚀可能会造成机械断裂。那么,将其植入人体后,所植入的材料不但不能像设想的那样完全发挥作用,还会或多或少地产生副作用,给人体带来不适。因此,进一步改善植入材料的生物相容性、抗腐蚀能力,增强其与肌体组织的结合力,提高安全使用性能,仍是金属生物材料推广应用所面临的主要问题。目前,运用物理化学方法、形态学方法、生物化学方法对其表面进行处理,制备出具有生物活性和组织相容性的羟基磷灰石涂层是对其进行改性的研究热点之一。

生物医用陶瓷材料按与活体组织之间是否形成化学键合的方式可分为生物惰性陶瓷材料和生物活性陶瓷材料。较早使用的为生物惰性陶瓷材料,如氧化铝(Al_2O_3)、氧化锆(ZrO_2)、氮化硅(Si_3N_4)、生物炭等。生物活性陶瓷材料主要有氧化铝、磷酸三钙、羟基磷灰石、生物活性玻璃等。然而陶瓷材料用于骨组织修复还存在一些不足,如物理机械性能不理想、脆性大、不易被吸收、骨诱导作用弱等,从而大大限制了其应用范围。第三类复合材料,包括金属基、陶瓷基和树脂基复合材料,是现在研究的热点之一。

综上所述,传统医用金属材料和高分子材料不具有生物活性,与组织不易牢固结合,在生理环境中或植入体内后受生理环境的影响,导致金属离子或单体释放,对机体造成不良影响。而生物陶瓷材料虽然具有良好的化学稳定性和相容性,高的强度和耐磨、耐蚀性,但材料的抗弯强度低、脆性大,在生理环境中的疲劳与破坏强度不高,在没有补强措施的条件下,它只能应用于不承受负荷或仅承受纯压应力负荷的情况。因此,单一材料不能很好地满足临床应用的要求。利用不同性质的材料复合而成的生物医用复合材料,不仅兼具组分材料的性质,而且可以得到单组分材料不具备的新性能,为获得结构和性质类似于人体组织的生物医学材料开辟了一条新途径。

生物医用复合材料是由两种或两种以上的不同材料复合而成的,它主要用于人体组织的修复、替换和人工器官的制造。生物医用复合材料根据应用需求进行设计,由基体材料与增强材料或功能材料组成,复合材料的性质将取决于组分材料的性质、含量和它们之间的界面。常用的基体材料有医用高分子材料、医用碳素材料、生物玻璃、玻璃陶瓷、磷酸钙基或其他生物陶瓷、医用不锈钢、钴基合金等医用金属材料;增强体材料有碳纤维、不锈钢和钛基合金纤维、生物玻璃陶瓷纤维、陶瓷纤维等纤维,另外有氧化锆、磷酸钙基生物陶瓷、生物玻璃陶瓷等颗粒增强体。其中,研究的热点仍然是各种材料与羟基磷灰石的复合。

生物医学材料发展和应用的高级阶段是其在组织工程中的应用,通过构建具有一定活性的基体材料,制备具有生物相容性的器件或器官,实现对人体损害或缺损组织的修复或替代,即仿生材料研究阶段。而羟基磷灰石这种与人体骨组织相似且具有很高生物活性的材料在仿生生物材料的制备中占据越来越重要的地位,以廉价的成本人工合成出优质级羟基磷灰石纳米晶对羟基磷灰石生物材料的制备及广泛应用粉体显得尤为迫切。

1.2 羟基磷灰石生物材料简介

羟基磷灰石化学分子式是 $Ca_{10}(PO_4)_6(OH)_2$。早在 1790 年,Werner 用希腊文字将这种材料命名为磷灰石。1926 年,Bassett 用 X 射线衍射方法分析认为,人骨和牙齿的无机矿物成分很像磷灰石;1972 年,日本学者 Aoki 成功地合成了羟基磷灰石并烧结成陶瓷;1974—1975 年,Aoki 等发现烧成的羟基磷灰石无论结晶与否都具有良好的生物相容性。自此以后,世界各国都对羟基磷灰石材料进行了全方位的基础研究和临床应用研究。

羟基磷灰石是一种典型的生物材料,是人体和动物骨骼的重要无机成分。人体骨中羟基磷灰石的质量分数为 60% 左右,人体牙齿的珐琅质表面羟基磷灰石质量分数为 95% 以上。羟基磷灰石具有优良的生物相容性和生物活性,能与骨形成很强的化学结合,在体液的作用下,会发生部分降解,游离出钙离子和磷离子,并被人体组织吸收、利用,生长出新的组织,从而产生骨传导作用,因而引起了全世界材料工作者和医学工作者的广泛关注。自 20 世纪 50 年代以来,研究学者对羟基磷灰石的合成进行了深入的研究,不仅合成出了纯度很高的羟基磷灰石单晶,还利用陶瓷致密的烧结工艺,烧制出了与人体牙齿的强度和韧性均相近的羟基磷灰石多晶体,并在医药临床上得到了广泛应用。羟基磷灰石虽然具有优良的生物相容性和生物活性,是理想的骨组织替代材料,但是,羟基磷灰石的脆性大、韧性不足及力学性能差,使其在承重骨的应用方面受到限制。纳米粒子表现出的特异性能,有望改善羟基磷灰石脆性大和韧性不足的缺点。纳米羟基磷灰石粒子在功能上表现出对一定癌细胞的抑制作用,而且对正常细胞的副作用很小。因此,对纳米羟基磷灰石的制备方法及医学应用的研究越来越受到研究学者的广泛关注。

纳米技术是 20 世纪 90 年代以来迅速发展的崭新的研究领域,因为纳米粒子具有表面效应、小尺寸效应及量子效应等独特的性能,使纳米材料呈现出无限广阔的应用前景。

对纳米羟基磷灰石的研究要远比羟基磷灰石晚得多。20 世纪 80 年代后期,出现了少量关于纳米羟基磷灰石制备方法的研究报道。1990 年以后,对纳米羟基磷灰石制备方法及其在医学领域的研究有了突飞猛进的发展,而且相关的文献报道也在逐年增多。

研究表明,骨的纳米结构的主要基本单元是针状和柱状的磷灰石晶体,它们或定向和卷曲排列,或相互缠结,构成多种织构。不同的织构形成了骨在纳米尺寸上的功能单元,如束状结构和团聚结构适合于承受高强度,而卷曲和束状交织结构具有很好的韧性,并有利于营养物的传递。据此,人们从制造涂层材料、复合增韧以及纳米羟基磷灰石等方面入手,进行了大量的研究来克服其脆性、提高其强度和韧性,有望改善上述缺点。

1.2.1 羟基磷灰石的结构

羟基磷灰石的理论组成为 $Ca_{10}(PO_4)_6(OH)_2$,$n(Ca):n(P)=10:6=1.67$。羟基磷灰石晶体结构为六角柱体,属于 L^6PC 对称型和 $P63/m$ 空间群的六方晶系,如图 1-1 所示。在羟基磷灰石晶体结构中,a,b 轴夹角为 $120°$,与 c 轴垂直的面为六边形,晶胞参数 a_0,b_0,c_0 分别为 $0.943\sim0.938$ nm,$0.943\sim0.938$ nm 和 $0.688\sim0.686$ nm,单位晶胞中含有 6 个磷酸根离子、2 个氢氧根离子和 10 个钙离子。其中晶胞的 4 个角上均为氢氧根离子;在 6 个 O 组成的 Ca—O 八面体的中心位置处,即 $Ca(I)$ 位置有 4 个钙离子;位于 3 个 O 组成的三配位体中心位置,即 $Ca(II)$ 位置有 6 个钙离子;位于 $z=1/4$ 和 $z=3/4$ 平面上的 6 个 PO_4^{3-} 组成的四面体网形结构使得羟基磷灰石具有较好的化学稳定性。

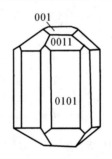

图 1-1　羟基磷灰石的日形结构

1.2.2 羟基磷灰石的物理化学性质

人体骨骼中的主要无机成分是羟基磷灰石,其理论密度为 3.156 g/cm³,莫氏硬度为 5,折射率为 $1.64\sim1.65$,微溶于水,呈弱碱性($pH=7\sim9$),易溶于酸而难溶于碱。羟基磷灰石是强离子交换剂,分子中的 Ca^{2+} 容易被有害金属离子(如 Cd^{2+},Hg^{2+} 等)和重金属离子(如 Sr^{2+},Ba^{2+},Pd^{2+} 等)置换,还可与含羧基的有机酸、氨基酸、蛋白质等反应。

1.2.3 羟基磷灰石的生物学性质

羟基磷灰石具有良好的生物相容性、生物活性和化学稳定性,能与自然骨形成紧密的结合。研究学者通过大量的生物实验证明,人工合成的羟基磷灰石无致敏反应,无毒,不破坏生物体组织,与骨骼、血液及软组织具有良好的相容性,并能与天然骨组织紧密接触形成较好的化学结合,可用于人工骨及人工口腔材料领域。研究还发现,羟基磷灰石具有吸附葡萄糖的特性,可有效防止牙龈炎等口腔疾病,因而可用作牙膏添加剂。另外,羟基磷灰石还与皮肤具有很好的相容性,可作为植皮装置应用于临床。但纯羟基磷灰石存在脆性大、难塑型的问题,其弯曲强度和断裂韧性指标均低于致密骨,它的力学性能无法满足使用要求,因而大大限制了其在临床上的应用。

1.3 纳米羟基磷灰石的特性及其应用

纳米羟基磷灰石粒子由于颗粒尺寸的细微化、比表面积急剧增加等特点,具备和普通羟基磷灰石粒子不同的理化性能,如溶解度较高、表面能更大、生物活性更好等。

人工合成羟基磷灰石是一种耐高温、耐碱和水不溶性的多用途无机材料,目前广泛应用于生物医学、吸附、催化、荧光、激光、半导体、化工等工业领域。下面介绍其主要的应用。

1.3.1 生物活性材料

1. 硬组织修复材料

纳米羟基磷灰石-高分子复合材料通过对天然硬组织的模仿,成功地解决了常规羟基磷灰石生物陶瓷抗弯强度低、脆性大、在生理环境下抗疲劳性不好等在临床应用中遇到的问题,因此在硬组织修复领域有着广阔的应用前景。

Itoh 通过动物实验研究了载有骨形态、发生蛋白(rhBMP-2)的纳米羟基磷灰石-胶原复合材料的性能,结果表明,载有 rhBMP-2 的纳米羟基磷灰石-胶原复合材料具有较高的骨诱导性,加速骨重塑过程,将其植入承重部位,能够有效缩短骨整合时间。

黄立业等采用电化学沉积-水热合成法在 Ti 金属表面制备了纳米针状羟基磷灰石涂层,发现经处理后材料在 Tyrode 生理盐水中有较好的化学稳定性和抗溶解性。Tuantuan Li 等采用浸渍的方法在 Ti 金属的表面涂上一层羟基磷灰石纳米晶,将其作为狗股骨移植材料,实验结果表明,经涂层的材料与人体组织的结合强度比未经涂层的材料高出 2 倍。

2. 药物载体

Aoki 等将羟基磷灰石纳米微晶用作药物载体,对其吸附和释放药物的性能进行了细致的研究。体外动物细胞培养实验证明,粒子大小为 40 nm×15 nm×10 nm 的纳米羟基磷灰石溶液对阿霉素的最大吸附量为 0.2~1 mg。阿霉素和阿霉素-羟基磷灰石对癌细胞均有抑制作用,但阿霉素-羟基磷灰石的抑制作用明显优于阿霉素。

加纳诚介等通过研究羟基磷灰石纳米微晶对各种苷化抗生素类药物的吸附和脱附性

能发现,羟基磷灰石纳米微晶具有较理想的药物吸附-脱附性能,可有效地控制药物的释放速率,且对药效无明显影响。

3. 抗肿瘤活性

张士成等研究表明,羟基磷灰石微晶在一定的浓度(最低浓度为 5 mol/L)和时间条件下,对 Help-2 细胞、MGC 等细胞的生长、增殖均有明显的抑制作用。进一步研究发现,羟基磷灰石微晶对胃癌 MGC-803 细胞的微管和微丝有明显的解聚和破坏作用;羟基磷灰石微晶作用后,癌细胞的微结构发生明显变化。夏清华等研究也表明,经羟基磷灰石处理的 W-256 癌肉瘤细胞,其形态和结构也发生了明显的变化。羟基磷灰石微晶对 W-256 癌肉瘤细胞的 DNA 含量及细胞周期有一定的影响,对 G1 期和 S 期的细胞最具杀伤力,同时羟基磷灰石微晶还可以阻止癌细胞的增殖分化,使 G2 期细胞积累,阻止 G2-M 期的进程。唐胜利等研究表明,羟基磷灰石纳米粒子既能够抑制人肝癌 BEL-7402 细胞增殖,又能够诱导其凋亡,显示出较强的细胞毒性。

1.3.2 环境功能材料

羟基磷灰石晶格中两种位置 Ca^{2+} 的价键与半径不同,对各种半径的二价金属阳离子有着广泛的容纳性,二价阳离子的进入将使其产生位置选择性而形成有序的超结构。因此,可以将羟基磷灰石开发成一种优质的无机离子晶格吸附与交换材料,用于废水治理和有价值元素的回收。在此理论基础上,刘羽等做了一系列天然磷矿石和人工合成羟基磷灰石处理废水中 Pb^{2+},Cd^{2+},Cr^{2+},Fe^{2+},$[UO_2]^{2+}$,Cu^{2+},Zn^{2+},Hg^{2+} 等的实验,结果表明磷灰石对绝大多数重金属离子去除效果较好,在室温、pH 为 3 和作用 60 min 的条件下,Pb^{2+} 的去除率可高达 99.4%,饱和吸附量超过 1 100 mg/g,对 Cd^{2+} 的去除效果也很显著。其主要的去除机理包括吸附、表面络合、溶解-沉淀以及重金属离子与晶格中的离子交换作用。一般而言,被吸附的重金属离子固化在晶格中间,不会产生二次污染,并且在相同的实验条件下,羟基磷灰石的去除效果优于天然氟磷灰石。

1.3.3 湿敏半导体材料

羟基磷灰石中 Ca^{2+} 活性很强,其半径和电负性($r=0.105$ nm,$\chi_p=1$)与 Na^+($r=0.098$ nm,$\chi_p=0.9$)比较接近,故 Na^+ 可以置换 Ca^{2+},形成受主态 P 型半导体陶瓷。在通过水热反应制备羟基磷灰石的原料中加入 Na_2CO_3,可以制得 Na^+ 固溶的羟基磷灰石粉体,添加造孔剂和黏合剂成型后,在 1 170~1 200℃ 的温度下烧结 3 h,即可得到测湿范围宽、灵敏度高、性能稳定的多孔羟基磷灰石陶瓷湿度传感元件。戴怡也证明,在羟基磷灰石中引入较多的 Na^+,可以改善羟基磷灰石的导电性。在一定的温度和湿度(30%~90%)下,羟基磷灰石湿敏器阻值愈低,受外界干扰愈小,信号检测愈容易。

1.4 纳米羟基磷灰石粉体的制备

制备纳米羟基磷灰石粉体有许多方法,大致可分为湿法和干法。湿法包括液相沉淀法、水热合成法、溶胶-凝胶法、超声波合成法及微乳液法等。干法为固态反应法等。

1. 液相沉淀法

沉淀法通常是在溶液状态下将不同化学成分的物质混合,在混合溶液中加入适当的沉淀剂制备超微颗粒的前驱体沉淀物,再将此沉淀物进行干燥或煅烧,从而制得相应的超微颗粒。一般颗粒在 $1\ \mu m$ 左右时就可以发生沉淀,从而产生沉淀物,生成颗粒的粒径通常取决于沉淀物的溶解度,沉淀物的溶解度越小,相应颗粒的粒径也越小,而颗粒的粒径随溶液的过饱和度减小呈增大趋势。沉淀法制备超微颗粒主要分为直接沉淀法、共沉淀法、均相沉淀法、化合物沉淀法、水解沉淀法等。

液相沉淀法制备纳米羟基磷灰石,大多采用无机钙盐和磷酸盐反应得到。何毅等通过 $Ca(OH)_2/H_3PO_4/H_2O$ 体系合成了一系列的纳米级 β-磷酸钙。一定量的 $Ca(OH)_2$ 和蒸馏水用搅拌器强烈搅拌使之混合均匀直至 $Ca(OH)_2$ 在蒸馏水中不团聚而呈更细小颗粒分布,将所得混合液作为沉淀剂,缓慢滴入处于电磁搅拌下的一定量的 H_3PO_4 水溶液中,滴加完毕后继续搅拌反应 $3\sim5\ h$,静置沉淀,用蒸馏水反复洗涤、过滤 3 次,于 $120\ ℃$ 的温度下干燥得 β-TCP 原粉。在箱式电阻炉中于 $800\ ℃$ 焙烧 $3\ h$,自然降温得 β-TCP-1 结晶产物。另外,在搅拌下于室温将 $Ca(NO_3)_2 \cdot 4H_2O$ 的水溶液滴加到 $(NH_4)_2HPO_4$ 水溶液中,得到纳米级 β-TCP-2 结晶产物。两种方法生成的纳米级 β-磷酸钙均为针状结晶,结晶大小:β-TCP-1 为 $10\ nm \times 80\ nm$,β-TCP-2 为 $15\ nm \times 62.5\ nm$。

王志强等进一步研究了沉淀法制备羟基磷灰石纳米粉末工艺的几种影响因素(溶剂体系、反应温度、凝胶清洗用剂及洗滤次数等),探索出了较为容易操作的工艺条件。以 $Ca(NO_3)_2 \cdot 4H_2O$ 和 $(NH_4)_2HPO_4$ 为前驱体,在水-乙醇体系下,采用比在水体系下合成易于实现的操作工艺,制备出粒径为 $20\sim50\ nm$ 的羟基磷灰石粉体。具体制备工艺如下:将 $Ca(NO_3)_2 \cdot 4H_2O$ 溶解在 95% 乙醇中,制成 $0.5\ mol/L$ 的溶液,$(NH_4)_2HPO_4$ 溶解在去离子水中,制成 $0.5\ mol/L$ 的溶液。用氨水调节两种溶液的 pH 为 10,各加入 5 滴乙醇胺。在剧烈搅拌下,先将少量的 $(NH_4)_2HPO_4$ 加入钙溶液中,使溶液中产生羟基磷灰石晶核,然后将 $(NH_4)_2HPO_4$ 溶液全部倒入钙溶液中。反应温度为室温($25\ ℃$),控制 pH 为 10,搅拌一段时间,沉化 $12\ h$。然后用无水乙醇洗涤 3 次,用微波炉快速干燥。最后在 $700\ ℃$ 的温度下焙烧 $1\ h$ 得到粉末。

Cuneyt 等则将 $Ca(NO_3)_2 \cdot 4H_2O$ 和 $(NH_4)_2HPO_3$ 溶于模拟体液中,在温度为 $37\ ℃$、pH 为 7.4 条件下沉淀出纯度大于 99%、长度为 $50\ nm$ 左右、热稳定性好的羟基磷灰石粉末。Aoki 等采用 $Ca(OH)_2$ 和 H_3PO_4 为原料,发现原料配比、pH、加料方式以及超声波照射等都对颗粒的大小和形态有较大影响。

Yamaguchi 等采用共沉淀法获得无机相长为 $230\ nm$、宽为 $50\ nm$ 的羟基磷灰石-壳聚糖(Chitosan,CS)复合材料。

2. 水热合成法与有机溶剂热处理法

水热合成法是液相中制备超微颗粒的一种新方法。一般是在 $100\sim350℃$ 温度下和高气压环境下使无机或有机化合物与水或有机溶剂化合,通过对加速渗析反应和物理过程的控制,可以得到改进的无机物,再过滤、洗涤、干燥,从而得到高纯、超细的各类微颗粒。

Yu 等采用水热合成工艺在温度为 $140℃$、压力为 $0.3\ MPa$ 下得到了形态、尺寸、组织和结构上与人骨中无机成分十分相似的纳米磷灰石晶体。Min 等以 $Ca(NO_3)_2\cdot4H_2O$ 和 $(NH_4)_2HPO_4$ 为原料,采用水热法合成了平均粒径小于 $50\ nm$ 的羟基磷灰石。李浩莹等研究发现在水热温度 $150℃$、陈化时间 $20\ h$ 下可以获得结晶良好的羟基磷灰石。Andres - verges M 等利用 $Ca(EDTA)^{2-}$ 缓慢水解生成沉淀的特性,以 $Ca(NO_3)_2$,$(NH_4)_2$HPO$_4$,Na_2-EDTA 等为原料制备了针状纳米羟基磷灰石。薄颖慧等采用水热反应法制备了具有微晶结构的超细微羟基磷灰石。在带有搅拌和冷凝管的三颈瓶中,加入 0.30 mol/L(或 0.60 mol/L)的 $Ca(NO_3)_2$ 溶液(预先用氨水调至 pH=10),搅拌,再加入同样体积的 0.18 mol/L(或 0.36 mol/L)的 $(NH_4)_2HPO_4$ 溶液(预先用氨水调至 pH=10),使羟基磷灰石混合体系的 $n(Ca):n(P)=10:6$。两种溶液混合后即形成凝胶状的沉淀,体系的 pH 有所下降。保持搅拌并升温至回流,凝胶状的沉淀逐渐形成极易分散的白色沉淀。搅拌反应一定时间后,使反应体系降至室温(其间保持搅拌)。静置,倾去上层清液,用水反复洗涤沉淀,至倾出液为中性为止。带水的产物直接进行表面处理或滤去水后于 $120℃$ 的温度下干燥、粉碎待用。实验表明,在水热反应法中,只要温度为 $100℃$,原料中 $n(Ca):n(P)=10:6$,并维持反应体系一定的 pH,可以获得结晶性良好,平均粒径小于 $0.1\ \mu m$ 的超细羟基磷灰石。另外,用聚乳酸对羟基磷灰石进行表面处理,可以大大地改善其分散性。

李玉宝等以二甲基甲酰胺为溶剂,将 $C(NO_3)_2\cdot4H_2O$ 和 $(NH_4)_3PO_4$ 原料混合,在常压、$140\sim145℃$ 的温度下处理 $2\ h$ 可合成平均尺寸为 $12\ nm\times97\ nm$ 的羟基磷灰石针状晶体,合成的羟基磷灰石比高压水热法制备的羟基磷灰石在尺寸、形态上更接近于人骨磷灰石晶体,而且植入后更易降解。

3. 溶胶-凝胶法

溶胶-凝胶法(Sol - Gel)是制备超微颗粒的一种湿化学法。它的基本原理是以液体的化学试剂配制成金属无机盐或金属醇盐前驱体,前驱物溶于溶剂中形成均匀的溶液,溶质与溶剂产生水解或醇解反应,反应生成物经聚集后,一般生成 $1\ nm$ 左右的粒子并形成溶胶。经过长时间放置或干燥处理后,溶胶会转化为凝胶。

刘羽等采用溶胶-凝胶法合成了羟基磷灰石,讨论了不同原始的 $n(Ca):n(P)$ 对羟基磷灰石特性的影响。将 $0.3\ mol\ H_3PO_4$ 溶液加热至 $35℃$,按不同的 $n(Ca):n(P)$,分别滴入不同浓度的 $Ca(OH)_2$ 溶液,使 $n(Ca):n(P)$ 分别等于 $1.67,1.85,2.00,2.17$ 和 2.33,用 $20\%NaOH$ 将上述溶液调节至 pH=10.0,加热至 $45℃$,搅拌 $36\ min$,反应产物用 4%

NH_4Cl 溶液洗涤除去残余 $Ca(OH)_2$，过滤并烘干，得到纯度很高的羟基磷灰石。在不同 $n(Ca):n(P)$ 下合成的溶胶-凝胶法羟基磷灰石的结晶程度相对于水热法羟基磷灰石结晶较差，提高 $n(Ca):n(P)$，有利于碳酸根进入磷灰石结构，形成富钙的和富碳的羟基磷灰石，CO_3^{2-} 晶格畸变是影响羟基磷灰石结晶程度及其他性质的重要因素。

邬鸿彦等对溶胶-凝胶法制备纳米级羟基磷灰石生物陶瓷粉末的技术工艺进行了探索性研究。以硝酸钙 $[Ca(NO_3)_2 \cdot 4H_2O]$ 和磷酸三甲酯 $[(CH_3O)_3PO]$ 为初始原料，通过溶胶、凝胶干燥和烧结等工艺过程，生成纳米羟基磷灰石，反应方程式如下：

$$10Ca(NO_3)_2 \cdot 4H_2O + 6(CH_3O)_3PO \rightarrow Ca_{10}(PO_4)_6(OH)_2 + 其他 \qquad (1-1)$$

首先，将化学药品硝酸钙和磷酸三甲酯以适当的配比（质量比约为 2.86:1）配成溶胶，用氨水调配其 pH 约为 7.5；然后倒进坩埚，放入加温炉中，在固定的干燥温度（60℃）下进行干燥；待凝胶干燥后，以 12℃/min 的速率升温到 650℃ 左右，恒温烧结 3 h 后，缓慢降至室温得到样品。获得的羟基磷灰石粉末的物质结构层次为 3 个水平，即晶粒直径约为 30 nm，它们团聚成直径约为 100 nm 的微粒，再通过相互缠结而结合成直径为 60 nm～1 μm 的颗粒（团聚体），团聚体之间有较弱的缠结，这些团聚体具有平行的柱状结构，接近天然骨的结构。

Masahiro Toyoda 等采用一种新的溶胶-凝胶技术路线在低温下合成了 β-TCP 粉末。以 $[Ca(NO_3)_2 \cdot 4H_2O]$ 和 $[C_6H_5PCl_2]$ 为初始原料、2-乙氧基乙醇为溶剂，在 120℃ 的温度下进行回流，分别制得钙和磷的醇盐；将两种醇盐混合，再在 120℃ 的温度下进行回流，得到钙磷的醇盐；加水水解，在 150℃ 的温度下进行干燥，在 1 000℃ 的温度下焙烧得到粉末。其流程图如图 1-2 所示。

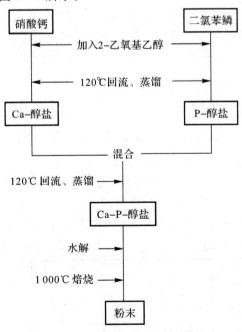

图 1-2 β-TCP 制备流程图

4.固态反应法

把固态磷酸钙及其他化合物均匀混合在一起,在有水蒸气存在的条件下,反应温度高于 1 000℃,可以得到结晶较好的羟基磷灰石。这种方法合成的羟基磷灰石纯度高,结晶性好,晶格常数不随温度变化,并且湿法和固相法合成的羟基磷灰石的红外光谱研究表明,固相法制备的羟基磷灰石比湿法制备的更好,但是其要求较高的温度和热处理时间,粉末的可烧结性差,使得其应用受到了一定的限制。

5.自蔓延高温合成法

自蔓延高温合成法是利用反应放热制备材料的新技术。自蔓延高温合成法可以制备出纳米羟基磷灰石。该技术是利用硝酸盐与羧酸反应,在低温下实现原位氧化自发燃烧,快速合成羟基磷灰石前驱体粉末。制备的羟基磷灰石粉体具有纯度高、成分均匀、颗粒尺寸大小适宜、无硬团等特性。

采用自蔓延高温合成法合成纳米级羟基磷灰石前驱体粉末的方法为:按照 $n(Ca):n(P)=1.67$ 称取一定量的 $[Ca(NO_3)_2 \cdot 4H_2O]$,$(NH_4)_2HPO_4$ 和与 Ca^{2+} 等摩尔量的柠檬酸,分别用蒸馏水溶解混合,调节其 pH 至 3 左右,于 80℃的温度下加热蒸发形成凝胶,然后在 200℃的电炉中进行自蔓延燃烧,最后得到分布均匀、烧结性能良好的纳米级羟基磷灰石前驱体粉末。

6.超声波合成法

超声波在水介质中引起气穴现象,使微泡在水中形成、生长和破裂。这能激活化学物质的反应活性,从而有效地加速液体和固体反应物之间非均相化学反应的速率。超声波法合成的羟基磷灰石粉末非常细,粒径分布范围窄,而且这种合成方法在某些方面比其他加热的方法更为有效。

7.微乳液法

微乳液法通常是由表面活性剂、助表面活性剂(醇类)、油(碳氢化合物)和水(电解质水溶液)组成的透明的各向同性的热力不稳定体系。当表面活性剂溶解在有机溶剂中,其浓度超过临界胶束浓度时形成亲水极性头朝内、疏水链朝外的液体颗粒结构,水相以纳米液滴的形式分散在由单层表面活性剂和助表面活性剂组成的界面内,形成彼此独立的球形微乳颗粒,如图 1-3 所示。这种颗粒大小在几至几十纳米之间,在一定条件下,具有保持稳定小尺寸的特性,即使破裂也能重新组合,具有类似于生物细胞的自组织和自复制功能。

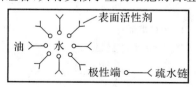

图 1-3 微乳颗粒示意图

1982年，Boutnone等首次使用微乳液法制备出分散的金属（如 Pt,Pd,Rh,Ir 等）纳米微粒，从此开拓了一种新的纳米微粒的制备方法，该制备方法已受到人们的极大重视。微乳液法合成纳米颗粒的粒径是能够控制的，其粒径受控因素主要有两个：一是在乳化液中，微液滴的表面被表面活性剂和助表面活性剂所组成的单分子层界面包围，可视为一个微型反应器，其大小在几到几十纳米之间，尺寸小且彼此分离，为超细粉的获得提供了一个理想的反应条件，可从反应器的大小尺寸上控制粒径；二是液滴内生成的粒子长大到一定尺度后，表面活性剂分子将附在粒子表面，使粒子稳定并防止其进一步长大，最终达到的颗粒粒径受液滴大小的控制。因此，微乳颗粒反应空间的体积是控制颗粒的首要因素，而水核大小又直接与微乳液的组成有关，表面活性剂、助表面活性剂的种类及含量的不同，体系中含水量的不同，反应物离子浓度的不同都将影响到产物的最终粒度。

这种方法的实验装置简单，操作方便，具有体系的热力学及动力学稳定、纳米颗粒粒径分布较窄、粒子细小、大小均一并可人为控制粒径等特点，所以微乳液法给人们提供了制备均匀大小尺寸颗粒的理想微环境。

微乳液法用于制备纳米羟基磷灰石的报道甚少。新加坡国立大学材料系的 Lim 最先采用该法对制备羟基磷灰石进行了研究，其方法是将 $CaCl_2$ 与 $(NH_4)_2HPO_4$ 分别制成微乳液，油相为环乙醇，表面活性剂为 HP_5 和 HP_9，将两种微乳液混合后放置一定的时间，将沉淀物用乙醇洗涤，制备出了粒径为 20～40 nm 的羟基磷灰石粉体。

8. 快速均匀沉淀法

快速均匀沉淀法是在综合各种液相法的基础上，新近发展的一种制备纳米微粒的技术。其基本原理是：利用酸度、温度对反应物解离的影响，在一定条件下制得含有所需反应物的稳定前驱体溶液，通过迅速改变溶液的 pH、温度来促使颗粒大量生成，并借助表面活性剂防止颗粒团聚，从而获得均匀分散的纳米颗粒。快速均匀沉淀法的优势主要体现在快速、均匀，并降低了反应温度，缩短了反应时间。其工艺流程图如图 1-4 所示。与其他沉淀法相比，该法实验设备简单，操作方便，制备周期短，具有制得的纳米微粒大小均一、生产率高、适于制备大量纳米羟基磷灰石粉等特点。张士成等利用此法已经制备出 NiS，$FePO_4$ 等硫化物和磷酸盐的纳米微粒。

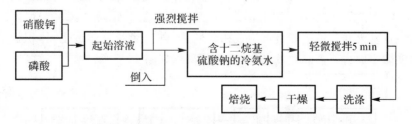

图1-4　快速均匀沉淀法制备羟基磷灰石的工艺流程图

武汉理工大学生物材料与工程研究中心的江昕等利用快速均匀沉淀法制备出了结晶性能较好、粒径大小约 80 nm 的羟基磷灰石纳米微粒。该方法是将 $Ca(NO_3)\cdot 4H_2O$（分析纯)和 H_3PO_4(分析纯)分别配成 0.5 mol/L 的标准溶液,然后按照 $n(Ca):n(P)=1.67$ 的比例配制起始溶液,用 0.22 μm 的微孔滤膜过滤后,在室温下迅速倒入剧烈搅拌着的、含适量十二烷基硫酸钠的冷氨水中,再继续轻微搅拌 5 min 左右,离心分离,然后用蒸馏水和乙酸分别多次洗涤,再用无水乙醇洗涤,最后在 70℃温度下干燥,750℃温度下焙烧 3 h 即可得到纳米羟基磷灰石微粒,其工艺流程如图 1-4 所示。实验表明,粉末晶粒大小随着温度的升高而增大,并且与湿法相比,大大缩短了制备周期。

9. 自然烧法

自然烧法是以溶胶-凝胶法为基础,利用硝酸盐与羧酸反应,在低温下即可实现原位氧化,自发燃烧快速合成产物的初级粉末,该方法大大缩短了制备周期。更重要的是,反应物在合成过程中处于高度均匀分散状态,反应时原子只需经过短程扩散或重排即可进入晶格位点,加之反应速率快,前驱体的分解和化合物的形成温度又很低,使得产物粒径小,分布比较均匀,因而特别适于纳米材料的合成。自然烧法将 Sol-Gel 湿化学合成法和自蔓延燃烧合成法结合,开发了一种兼具二者优点、方便适用的超细粉末合成技术。它利用了 Sol-Gel 工艺中各元素在分子级别混合,凝胶离子活性大,加上稍微加热即可自发煅烧成所需晶相的陶瓷粉末的优势,避免了 Sol-Gel 工艺需高温煅烧且煅烧过程中易产生硬团聚而降低粉末烧结活性的缺点。因此,该法具有实验操作简单易行、实验周期短、节省时间和能源、污染少、产物颗粒团聚少等优点。韩颖超、王欣宇等首次采用自然烧法研究了纳米级羟基磷灰石粉末的制备,合成了分布比较均匀、平均粒径为 85 nm 的羟基磷灰石粉,并进一步对自然烧法制备纳米羟基磷灰石粉的机理进行了初步探讨,以及对影响该工艺的主要因素(溶液中的水含量、溶液的 pH、柠檬酸的量及加热和烧成温度)做了讨论。他们认为,自然烧法制备纳米羟基磷灰石的反应原理主要是络合物机理和氧化还原反应机理,络合物机理主要在凝胶生成过程中起作用,氧化还原反应机理是在粉末生成过程中起作用。

其方法是采用 $Ca(NO_3)_2 \cdot 4H_2O$(分析纯)、$(NH_4)_2HPO_4$(分析纯)、柠檬酸(分析纯)和硝酸(分析纯)按照 $n(Ca):n(P)=1.67$ 称取一定量的 $Ca(NO_3)_2 \cdot 4H_2O$,$(NH_4)_2HPO_4$ 与 Ca^{2+} 等摩尔量的柠檬酸,分别用蒸馏水溶解混合,调节其 pH 至 3 左右,加热至 80℃蒸发,几小时后凝胶形成,待水分基本蒸干后,移至 200℃恒温的电炉中,干凝胶由一点发火并扩展燃烧直至生成白色粉末,伴有大量气体放出,体积膨胀,粉末经过不同温度煅烧即得所需晶化的产物,其工艺流程如图 1-5 所示。

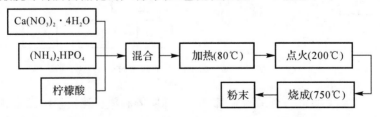

图 1-5 自然烧法制备羟基磷灰石工艺流程图

10. 电化学沉积法

电化学沉积法是直接从 Ca 和 P 电解水溶液中制取纯羟基磷灰石涂层的方法。黄立业等采用电化学沉淀工艺在钛合金表面制备羟基磷灰石涂层,所得涂层由纯纳米针状羟基磷灰石组成,且与基体结合牢固。M. Shirkhamzadeh 等在金属人工关节表面采用电化学沉积法不经过任何中间体而直接制备出具有类骨特性的、35 nm 大小、缺钙的羟基磷灰石涂层,该涂层经 125℃蒸汽和 425℃焙烧处理后转变为 100 nm 左右的高纯羟基磷灰石。

陈际达等研究发现电化学沉积法制备纳米羟基磷灰石-胶原复合材料的最佳工艺条件:电压为 2.5～3.0 V,电极间距为 5～20 cm,Pt 为电解电极,沉积操作方式为间歇更换胶原沉积方向,所得羟基磷灰石呈短棒状结晶,均匀分布在胶原基体中。

11. 冲击波合成法

廖其龙等将 $CaCO_3$ 和 $CaHPO_4$ 混合后装入钢制回收器内,经冲击波处理后得到羟基磷灰石粉末。与传统固相反应法相比较,冲击波合成的羟基磷灰石粉末有相似的晶体结构与成分,而且其粒度更细,分布更均匀,内部存在着大量的晶格应变,有更高的活性。冲击波合成方法是制备 HA 粉末的一种有效的新方法。

12. 自组装法

自组装法,即通过分子间特殊的相互作用,组装成有序的纳米结构,实现高性能化和多功能化,其主要原理是分子间力的协同作用和空间互补,如静电吸引、氢键、疏水性缔合等。Rhee 等将硫酸软骨素溶于 0.7 mol 的 H_3PO_4 溶液中,再将该混合溶液缓慢加入 0.45 mol 的 $Ca(OH)_2$ 溶液中,同时剧烈搅拌并调整 pH 到 9.0,便得到了在 CS 上沿 c 轴定向生长的羟基磷灰石纳米颗粒。

1.5　纳米羟基磷灰石复合材料

国内外研究者将纳米羟基磷灰石复合材料大致分为纳米羟基磷灰石与天然生物材料的复合、纳米羟基磷灰石与非天然生物材料的复合和纳米羟基磷灰石与多种生物材料的复合 3 种类型。

1. 纳米羟基磷灰石与天然生物材料的复合

R. Z. Wang 合成的纳米羟基磷灰石-骨胶原复合物中,羟基磷灰石均匀分散在胶原基体中,与骨有类似的性质。冯庆玲等合成的纳米羟基磷灰石-胶原骨修复材料的实验研究显示,纳米羟基磷灰石-胶原复合材料成分与微结构具有同天然骨类似的某些特征。种植体与骨组织可形成界面化学键合。S. Itoh 通过动物实验研究了载有骨形态、发生蛋白(rhBMP-2)的纳米羟基磷灰石-胶原复合材料,发现其具有较高的骨诱导性,能够加速骨重塑过程,将其植入承重部位,能够有效缩短骨整合时间。

2. 纳米羟基磷灰石与非天然生物材料的复合

非天然生物材料主要包括两类：无机生物材料和有机生物材料。黄立业等采用电化学沉积-水热合成法在 Ti 金属表面制备了纳米针状羟基磷灰石涂层，发现经处理后材料在 Tyrode 生理盐水中有较好的化学稳定性和抗溶解性。P. Layrolle 等采用仿生溶液法将致密钛合金和多孔钽金属放在 37℃ 的仿生溶液中沉浸 24 h，在其表面形成致密、均一的纳米晶粒组成的 Ca-P 层。彭雪林等纳米羟基磷灰石-聚酰胺 66 复合材料体外浸泡研究显示该复合材料表现出良好的稳定性和生物活性，通过对该材料物理化学性能测试，表明这种复合材料无论在力学性能还是化学组成上都与自然骨相似。张利等采用粒子沥滤法制备的纳米羟基磷灰石-聚酰胺多孔支架材料，通过实验研究显示复合材料两相分散均匀，且发生了界面结合，能很好地满足组织工程对支架材料孔隙率和力学强度的双重要求。

3. 纳米羟基磷灰石与多种生物材料的复合

纳米羟基磷灰石具有极好的生物相溶性，但其降解较慢，限制了其用途。现已发现羟基磷灰石与不同含量的 TCP 共同组成的材料具有不同的降解速率，从而可对降解速率进行人为控制，并且降解产物无任何毒副作用，可成为体内正常离子库的一部分。多孔的三体结构可使细胞三维方向长入，并且这种材料可作为生长因子载体，避免其在体内吸收较快、作用较低的缺点。Johnson 等发现在胶原中加入羟基磷灰石和 TCP 制得复合物，其骨再生能力得到明显提高。

1.6 羟基磷灰石-聚合物复合材料的制备方法

羟基磷灰石烧结体的强度和弹性模量都比较高但断裂韧性低，仅为钛合金的 $1/70 \sim 1/40$。羟基磷灰石烧结体在生理环境中抗疲劳强度差，韦布尔因数仅为 12，而且随烧结条件的不同，力学性能波动很大，烧结后的加工过程也可能引起力学性能的大幅度降低。因此，最初主要是利用它的生物活性，将它用于一些受力不大的部位，如用注浆成型法将羟基磷灰石制成多孔颌面骨材料，用于鼻骨、颌骨、锁骨等部位的整形手术。为了提高羟基磷灰石材料的力学性能以及加快新骨的形成速率，常引入其他相物质来改善其性能。根据羟基磷灰石自身结构和具有的生物特性，人们将羟基磷灰石和其他材料复合，对用于骨替代的生物医用复合材料而言，自然骨是由纳米羟基磷灰石和胶原组成的天然复合材料，因而羟基磷灰石/聚合物复合生物材料已成为硬组织修复材料当前研究的重点和发展方向。

1. 共混法

Shikinami 等采用一种新的共混及精加工工艺将羟基磷灰石均匀分散于聚 L-乳酸基体中，制备了超高强度生物可吸收羟基磷灰石-L-乳酸复合材料。该复合材料具有良好的生物相容性、可吸收性、生物活性和骨结合能力。研究表明，使用纳米羟基磷灰石粒子复合,有利于提高羟基磷灰石与聚合物基体间的结合能力,这是近来的一个新动向。

王科等按共混法制备用于外科软组织填充的羟基磷灰石-硅橡胶复合材料。实验表明,随着硅橡胶内羟基磷灰石质量分数的增加,硅橡胶的硬度逐渐提高,各项机械性能逐渐下降。

赵俊亮等用硅烷偶联剂表面改性后的羟基磷灰石粉末与环氧树脂共混制备了羟基磷灰石-环氧复合材料。结果表明,硅烷偶联剂使羟基磷灰石在环氧树脂中的分散性明显改善。羟基磷灰石质量分数为40%的复合材料具有良好的体外生物活性和生物相容性,并且其弯曲模量与生物骨接近,但强度低于生物骨,需要通过其他方式进行增强。

许凤兰等通过共混法首次将纳米羟基磷灰石晶体与聚乙烯醇溶液复合,制备了一系列纳米羟基磷灰石-聚乙烯醇复合水凝胶材料。结果表明,所制备的 n-羟基磷灰石-聚乙烯醇复合水凝胶材料组成均一,各相比例易于调控,是一种很有前景的生物医用复合材料。

罗庆平等采用磷酸单酯偶联剂对羟基磷灰石进行表面改性处理,通过熔融共混复合等工艺制备了改性羟基磷灰石-高密度聚乙烯复合人工骨材料。研究表明,所制备的改性羟基磷灰石-高密度聚乙烯复合材料比未改性羟基磷灰石-高密度聚乙烯具有更好的流变性能和机械力学性能,组成均一,具有良好的热稳定性。随着羟基磷灰石质量分数的增加,复合材料的抗压强度、弯曲模量有大幅度提高,当羟基磷灰石的质量分数增至40%时,其抗弯强度为 34.09 MPa,与基体材料的抗弯强度 24.53 MPa 相比,增加了将近40%,而此时的弯曲模量几乎是基体高聚物的两倍。通过控制复合材料中改性羟基磷灰石及高密度聚乙烯配比,可制备出机械力学性能优良的复合人工骨材料。

2. 原位聚合法

全在萍等将羟基磷灰石与 DL-丙交酯按质量分数混合,在辛酸亚锡引发下开环聚合得到羟基磷灰石微粒填充的聚 DL-丙交酯-羟基磷灰石复合材料。研究结果表明,羟基磷灰石的质量分数为30%时,复合材料的弯曲强度达 90 MPa,剪切强度为 72 MPa,弹性模量为 69 GPa,均高于其他体系。羟基磷灰石的引入不仅提高了材料的初始力学强度,而且延缓了聚 DL-丙交酯的降解速率。

陈学思以羟基磷灰石上的羟基(—OH),在辛酸亚锡引发下使 L-丙交酯开环聚合制备了聚 DL-丙交酯-g-羟基磷灰石和聚 DL-丙交酯-g-羟基磷灰石复合生物材料。研究表明,当羟基磷灰石含量较低时,聚 DL-丙交酯-g-羟基磷灰石复合材料比聚 DL-丙交酯呈现出较高的拉伸强度、弯曲强度和冲击强度。

3. 原位生成法

李保强用原位复合法制备了高性能的壳聚糖-羟基磷灰石纳米复合材料。研究表明,用原位复合法制备的材料具有层状结构,壳聚糖-羟基磷灰石(质量比为100∶5)纳米复合材料弯曲强度高达 86 MPa,比松质骨的高 3~4 倍,相当于密质骨的1/2,有望用于可承重部位的组织修复材料。

郑裕东等采用溶胶-凝胶原位复合的方法制备了聚乙烯醇-羟基磷灰石生物活性复合

水凝胶。结果表明,在聚乙烯醇水凝胶中可形成具有生物活性的羟基磷灰石结晶结构,且分散良好;分布均匀的羟基磷灰石粉体作为异相成核剂,促进了聚乙烯醇水凝胶基体的结晶,提高了复合水凝胶的力学性能。

王迎军等研究了制备聚乙烯醇-羟基磷灰石复合水凝胶的沉淀法原位复合技术,对该法制备的复合水凝胶的力学强度、结晶性能和微观形貌进行了分析。结果表明,沉淀法原位复合技术可在聚乙烯醇水凝胶基体中得到粒度细、分散好的晶相羟基磷灰石陶瓷微粒,复合后水凝胶的结晶度和拉伸强度与基体试样相比均有大幅度提高,最高可由未复合前的 1.53 MPa 增加到复合后的 2.45 MPa,增加幅度可达 60%。

4.共沉淀法

张利等通过共沉淀法制备了不同比例的纳米羟基磷灰石-壳聚糖复合骨修复材料。研究表明,复合材料中的羟基磷灰石均匀分散于有机相壳聚糖中,复合材料中两相间发生了相互作用,且复合材料的力学性能较两种单组分材料有明显的改善。当纳米羟基磷灰石与壳聚糖的质量比为 70:30 时,复合材料的抗压强度最高,达 120 MPa 左右,可满足骨组织修复与替代材料的要求。

李玉宝等将纳米羟基磷灰石浆料加入二甲基乙酰胺中充分分散,脱水后,再加入 PA66,使其在 120～140℃ 温度下复合,纳米羟基磷灰石晶体均匀分布于聚合物基体中。反应完成后,用去离子水多次洗涤,干燥后得到 PA-n-羟基磷灰石仿生复合材料。该复合材料克服了羟基磷灰石脆性大、强度差、不易成型等缺点,在提高了材料的力学性能的同时,也提高了纳米羟基磷灰石在复合材料中的质量分数,从而保持了材料良好的生物相容性和生物活性。该复合材料具有以下几个优点:纳米羟基磷灰石在聚合物中的质量分数高于其他同类产品,因而具有较高的生物活性;纳米羟基磷灰石在复合材料中分布均匀。

卢神州等用氢氧化钙与磷酸湿法合成羟基磷灰石加入丝素蛋白以诱导羟基磷灰石晶体的定向生长,以仿生的方法得到具有优异的骨诱导性能和可降解性能的羟基磷灰石-丝素蛋白纳米复合颗粒。

5.电化学沉积法

陈际达等研究了用在脱钙骨基质内原位沉积纳米羟基磷灰石的电化学方法,制备出纳米羟基磷灰石-胶原复合材料,并探讨了其适宜的电解沉积条件。结果表明,电化学方法制备的纳米羟基磷灰石-胶原复合材料,其无机相的质量分数为 53.9%±3.2%,并且无机相的组成、分布、性质与自然骨非常一致,是纳米复合材料。

1.7 羟基磷灰石基生物复合涂层

1.7.1 碳/碳复合材料简介

随着经济的发展、科技的进步和生活水平的提高,人类对自身的医疗康复事业格外重视。然而,随着生活节奏的加快,交通工具的大量涌现和社会人口的剧增,交通事故、自然灾害、疾病等的频繁发生造成的人身意外伤害却与日俱增。因此,发展用于人体组织和器官再生与修复的生物医用材料具有重要的社会效益。迄今为止,除了人脑等极少数器官外,人类机体的各个部分都可以用人工制造的生物医用材料对其进行修补和置换,并取得了良好的效果。

骨修复和替代材料是生物医用材料中重要的组成部分。骨骼是支撑人体的关键器官,由于人口老龄化,创伤、骨病变等造成的骨缺损、缺失已成为威胁人类健康和生命质量的严重问题之一。早在公元前 2000 年,人类就已经开始用金属进行骨修复的尝试,进入20 世纪以后,随着材料科学和化学科学的迅猛发展,骨修复和替代材料才逐渐从金属材料拓展到高分子材料、陶瓷材料及复合材料。直到这时,人类才开始初窥骨仿生的殿堂。最简单的骨仿生是成分仿生,其基本思想是模拟人体骨矿的主要成分,制造出以羟基磷灰石为主要成分的骨修复和替代材料。由于羟基磷灰石出众的生物相容性,使其迅速在骨修复和替代材料领域占据了一席之地,但是,由于它的力学性能较差,抗拉伸强度较低,限制了其在负重骨修复和替代领域的应用。为此,人们提出了改进措施,将羟基磷灰石作为涂层涂覆在各种具有良好力学性能的基体材料上。其中,碳基体材料的化学、生物性质稳定,生物相容性优异,特别是其复合形式——碳/碳复合材料,它不仅克服了单一碳材料的脆性、韧性好、强度高、疲劳特性优越,而且具有与骨相当的弹性模量。因此,通过一定的方法在碳/碳复合材料表面制备羟基磷灰石涂层,即可将碳/碳复合材料的优良力学性能与羟基磷灰石的良好生物活性相结合,制备出新一代的骨替代和修复材料。

目前,在金属基体表面制备羟基磷灰石涂层的方法很多,但在碳/碳复合材料表面制备羟基磷灰石复合涂层的报道较少,主要有等离子喷涂法、仿生法、电化学沉积法等。采用这些方法制备的涂层存在的主要问题是涂层与基体的结合较差,需后续热处理提高其结合强度。本章提出将具有优异生物可降解性的壳聚糖作为添加剂,采用水热电泳沉积法在碳/碳复合材料表面制备羟基磷灰石-壳聚糖生物复合涂层。水热电泳沉积法综合了电泳沉积法和水热法两者的优点,在水热的超临界状态下进行电泳沉积,物质的传输和渗透作用大大增强,有助于涂层和基体的界面结合,大大提高了涂层与基体的结合强度。主要研究内容包括:一是采用水热电泳沉积法在碳/碳复合材料表面制备出羟基磷灰石-壳聚糖生物复合涂层;二是研究各种工艺因素对复合涂层性能的影响。

1. 碳/碳复合材料的发展概况

碳/碳复合材料是指以碳纤维作为增强相,以碳作为基体的一类复合材料。它的基体相和增强相均由碳构成,其中增强相碳纤维属于玻璃碳,基体相可以是玻璃碳或热解碳,也可由两者混合而成。碳/碳复合材料于 1958 年诞生于美国 CHANCE - VOUGHT 实验室,它的发现源于一次偶然的失误实验,研究学者意外地发现这种材料是一种新型结构复合材料,具有一系列优异的物理及高温性能。从此,在复合材料家族中又增加了一个新成员。

碳/碳复合材料作为碳纤维复合材料家族的一个重要成员,具有密度低、热膨胀系数低、断裂韧性好、高强度、比模量高、耐磨、耐烧蚀等特点,广泛应用于航天、航空、核能、化工、医用等各个领域。随着碳纤维多向编织技术、高压液相浸渍工艺以及化学气相浸渗工艺的发展,碳/碳复合材料的性能得到了进一步的提高。20世纪80年代以来,世界各国的研究学者开始广泛关注碳/碳复合材料,不断开发出新的制备工艺,在提高材料性能、快速致密化、抗氧化等研究领域都取得了很大的进展。

碳/碳复合材料不仅具有其他复合材料的优点,而且有很多独到之处。它的最大特点是增强相和基体相均由单一的碳元素组成,碳元素在现有已知材料中生物相容性最好,它与骨骼、血液及软组织具有良好的相容性,同时碳/碳复合材料是一种极具应用潜力的多孔生物医用材料,具有与人体骨相当的弹性模量和诱导成骨细胞生长的能力,周期性负载时无强度损失,在骨修复及骨替代领域具有广泛的应用前景。

2. 碳/碳复合材料在医学领域的应用

碳/碳复合材料作为医用材料,主要具有以下优点:①优异的生物相容性,由于碳/碳复合材料由碳元素组成,机体组织对其适应性好;②良好的生物力学相容性,碳/碳复合材料的弹性模量与人体骨相当,可减弱由假体应力作用引起的骨吸收等并发症;③未经处理的碳/碳复合材料为生物惰性材料,表面是疏水性的,在生物体内稳定、不被腐蚀,也不会像医用金属材料由于生理环境的腐蚀而造成金属离子向周围组织扩散,从而引发炎症反应;④高强度、耐疲劳、韧性好,可通过结构设计对材料性能进行调整,以满足特定的力学性能。因此,各国研究学者积极开展了碳/碳复合材料在医用基础与临床应用的研究。

作为骨修复及骨替代材料,碳/碳复合材料表现出优异的生物相容性。曾燮榕和腾伟等通过动物实验证实,碳/碳复合材料与自然骨组织具有良好的相容性,并能诱导新骨的生成。随着生物实验的进一步深入,研究学者发现,人工骨和生物机体组织的键合及响应方式与碳/碳复合材料的表面特性息息相关。Lucie Bacakova通过体外培养实验证实,碳/碳复合材料表面的粗糙程度直接影响成骨细胞的增殖和生长方式。但作为生物医用材料,碳/碳复合材料也存在缺陷,如脆性大。植入生物体内,与机体组织摩擦产生的碳微粒滞留在周围组织中会造成组织污染,这是碳/碳复合材料不能进入临床应用的主要原因之一;并且,未经处理的碳/碳复合材料为生物惰性碳材料,无生物活性,不能诱导成骨细胞的生长。因此,如何充分发挥碳/碳复合材料优异的力学性能和组织相容性,使其又具有诱导成骨细胞生长的生物活性,是碳/碳复合材料成为新一代骨修复及骨替代材料所面临的主要问题之一。

目前,碳/碳复合材料生物活性改性的两种主要途径分别是基体改性和涂覆生物活性涂层。碳/碳复合材料具有多孔结构特性,利用基体改性工艺将生物活性物质(如羟基磷灰石)填充于孔隙或碳基体中,或者掺入前驱体中,并在随前驱体转变为碳材料后,镶嵌在碳基体中。由于在基体改性过程中,生物活性材料易于受纤维预制体结构、孔隙尺寸和方式的影响,掺入的生物活性物质数量有限,且仅能在沥青碳基及玻璃碳基中存在,因而极大地影响改性效果;在生物惰性碳/碳复合材料表面涂覆生物活性涂层是使具有优异力学性能和组织相容性的碳/碳复合材料与自然骨形成骨性结合的另一种主要途径。利用羟基磷灰石良好的生物相容性、化学稳定性、生物活性及在体外环境中仍可诱导新骨形成的特性,将其涂覆在碳/碳复合材料表面已成为碳/碳复合材料生物活性改性研究的热点之一。目前,国内外开展的研究都还主要处于涂层制备工艺阶段,对涂层的界面及结合方式、内环境的稳定状况等都未见深入报道。

1.7.2 医用碳/碳复合材料表面羟基磷灰石涂层结构的设计要求

目前,在碳/碳复合材料表面制备生物活性涂层存在的主要问题是涂层和碳/碳复合材料的界面结合较差。随着植入体植入时间的延长,涂层易脱落,而且生物稳定性也较差。这主要是由于涂层与基体的结合强度低,涂层孔隙率过大,不能有效阻止生物体内组织液的渗透,致使植入体失效。因此,如何提高涂层与基体的结合强度以及改善涂层的孔隙结构是决定植入体性能和可靠性的关键因素。从现有的研究报道中归纳得出,解决羟基磷灰石涂层与碳/碳复合材料的界面结合问题主要从以下两方面着手:

(1)缓解涂层与基体的膨胀系数差异。羟基磷灰石与碳/碳复合材料的热膨胀系数存在差别,由于热膨胀系数的失配易造成热应力的产生和涂层的开裂及脱落,因此,在涂层与基体之间设计结构合理的过渡层,可极大地降低由于膨胀系数的差异而在材料界面引起的残余应力,增强涂层与基体的结合强度。解决热膨胀失配的最佳方法之一是在基体表面制备梯度涂层,如熊信柏等提出在碳/碳复合材料表面,通过涂覆胶原/羟基磷灰石梯度组分涂层来缓解羟基磷灰石和碳/碳复合材料之间由于热膨胀系数不匹配而产生的热应力。

(2)设计合理的涂层结构。设计合理的涂层结构,主要从以下三个方面出发:一是制备具有合适孔隙率的涂层;二是提高涂层中羟基磷灰石的质量分数,降低易溶解物质的质量分数,如 CaO,TCP,TTCP 等;三是通过复合组分来提高羟基磷灰石涂层的性能。

1.7.3 碳/碳复合材料表面羟基磷灰石涂层的制备方法与研究进展

目前,在金属基体上制备羟基磷灰石涂层的工艺方法主要有离子注入法、等离子喷涂法、电化学沉积技术、离子束沉积法、激光熔覆法、水热合成法、溶胶-凝胶法、粉浆涂层和烧结法、爆炸喷涂法、高速氧焰燃烧喷涂法和仿生合成法等。但在碳/碳复合材料表面制备生物活性羟基磷灰石涂层的报道较少,主要有如下几种。

1. 等离子喷涂法

等离子喷涂法是继火焰喷涂和电弧喷涂之后发展起来的喷涂技术,几乎所有难熔的金属和非金属粉末都可以喷涂,具有喷涂效率高、致密、涂层结合强度高等优点,是所有热喷涂工艺中最灵活的,近年来得到了较快的开发和应用。采用该方法在钛合金表面制备生物活性羟基磷灰石涂层是目前唯一已商业化的人工关节制备技术。等离子喷涂法制备生物活性羟基磷灰石涂层的工艺过程即将经高温加热的含有喷涂材料的等离子气体通过直流电弧电离成离子状态,再由喷枪加速后喷出,最后以高速冲撞在碳/碳复合材料表面而形成羟基磷灰石涂层。1983年,Morrancho等首次采用等离子喷涂技术在碳/碳复合材料表面制备出羟基磷灰石涂层。随后,隋金玲等采用等离子喷涂技术制备的涂层结构、性能、界面等方面进行了研究。结果表明,增大喷涂功率有利于涂层的涂覆,在喷涂功率为 40 kW 时制备的羟基磷灰石涂层与碳/碳复合材料结合强度最大。由于采用等离子喷涂技术制备的羟基磷灰石涂层中存在大量的非晶磷灰石,需通过后续热处理转变成结晶良好的羟基磷灰石,但羟基磷灰石晶体在高温下易分解,若热处理温度过高将导致涂层组分发生变化,因而降低涂层与碳/碳复合材料的结合强度。研究还发现,羟基磷灰石粉体的粒度对涂层的相组成、显微结构及界面结合强度具有较大的影响。但由于等离子喷涂设备复杂、成本较高,因而开发具有工艺条件温和、设备简单、易于操作的涂覆技术是生物活性羟基磷灰石涂层材料的发展趋势之一。

2. 仿生合成法

基于自然界生理磷灰石的矿化机制,仿生合成法采用表面功能化的基团为模板,并将其置于类人体组织内环境的过饱和溶液中,通过控制钙磷晶体的形成得到具有独特显微结构的生物活性磷酸钙材料。利用仿生法制备生物涂层具有以下优点:①在低温下(低于 100 ℃)操作,可避免高温喷涂引起的相变和脆裂,相纯度高,且低温环境为沉积蛋白质等生物大分子提供了条件;②涂层是在类似于人体内环境的溶液中自然沉积出来的,其成分更接近人体骨,因而具有较高的生物活性和相容性;③可在表面多孔和形状复杂的基体上制备均匀的涂层;④基底材料不受限制,可选用塑料、玻璃及其他温度敏感材料;⑤所需设备简单,成本低,工艺简单,易于操作。

在仿生合成生物活性磷灰石涂层的工艺过程中,预处理工艺对基体表面的活化效果直接决定初始阶段钙、磷离子在基体材料表面异相形核的能力,而模拟体液的成分、浓度以及 pH 等直接决定磷灰石涂层的相组成、结晶度和生长速率等。因此,预处理和模拟体液是仿生合成法的核心技术。目前,直接化学处理是实现表面功能化通用的方法,毛传斌等和 Li 等都通过直接化学试剂处理过程实现了碳/碳复合材料表面的功能化。付涛等首先对碳/碳复合材料表面进行预处理,利用离子束辅助沉积技术在其表面制备 TiO 过渡层。然后,将预处理后的碳/碳复合材料浸泡在浓碱液中,观察发现其表面呈多孔网状结构。最后在模拟体液中诱导沉积出 8 μm 厚的羟基磷灰石涂层,经 XRD 射线衍射分析,羟基磷灰石结晶性能良好。然而,仿生法制备出的涂层成分单一、仿生程度低,需要通过后续热处理提高涂层与基体的结合强度。

3. 电化学沉积技术

电化学沉积技术(即电沉积法)是基于电镀技术发展而来的一种具有悠久历史的制备膜及涂层材料的方法。这种方法是在外部直流电场(或脉冲电场)的作用下,通过电解含有被镀材料的水或非水溶液,使溶液中的目标离子通过氧化还原反应在基板或器件表面化合,形成薄膜或涂层,获得具有特殊表面性能、形貌及组成的材料,电场的存在直接影响了电沉积中的结晶过程,而电极电位则决定了薄膜(涂层)的成核方式和沉积生长动力学。电化学沉积技术是一种比较简单和廉价的沉积技术,可以大面积沉积薄膜或涂层材料,应用范围很广。

电沉积法制备出的晶粒尺寸一般较小,这是因为它是一种工艺条件温和的涂层制备方法,避免了涂层和碳/碳复合材料界面间因高温产生的残余热应力问题,可在表面多孔和形状复杂的基体上制备均匀的涂层。电化学沉积过程中,可通过调节沉积电压、沉积电流、通电时间、温度等工艺参数,控制涂层的组分、结构、孔隙率及厚度,整个沉积过程是非线性的。

电化学沉积生物活性羟基磷灰石涂层是在20世纪90年代发展起来的新方法,包括电化学结晶法、电泳沉积法和阳极氧化法。用于碳/碳复合材料表面制备羟基磷灰石涂层的电化学沉积法主要有电化学结晶法、电泳法及它们的改进工艺,如声电沉积法、水热电沉积法等。羟基磷灰石的电沉积机理较复杂,涉及电解反应和沉淀反应,其工艺过程是利用电解反应,调节电极-溶液界面间的化学环境,使电解液中的化合物发生反应并达到过饱和,最终从液相中析出并沉积在基体电极表面,即得到生物活性羟基磷灰石涂层。A. Stoch等采用该方法在 $60\sim85\,^{\circ}\mathrm{C}$ 下成功地在碳/碳复合材料表面制备了羟基磷灰石涂层。该方法原材料利用率高、设备简单、成本低廉,可调节磷酸钙涂层中的 $n(\mathrm{Ca}):n(\mathrm{P})$,能在复杂外形的基体表面进行沉积,并且,反应在低温条件下进行,避免了传统技术中因高温处理而引起的羟基磷灰石的热分解。但是,由于采用电化学沉积法制备的羟基磷灰石生物涂层与碳/碳复合材料之间的结合强度以及涂层自身的结合力不足,无法满足临床应用的需求,因而制约了该技术的进一步发展。

4. 水热电化学沉积技术

水热法是指在密封压力容器中,以水或有机溶剂作为反应介质,在高温、高压下,使难溶或不溶的物质溶解、反应并重结晶,生成沉淀的方法。该工艺设备简单,成本低廉,反应易控制,但制备出的涂层与基体的结合强度较低,无法满足临床应用的需求。

水热电化学沉积技术是一种软溶液工艺(Soft Solution Processing,SSP),它是基于电化学沉积技术和水热技术的理论基础上发展起来的。由于单一的水热法需要较高的温度和压力,单一的电化学沉积工艺设备达不到要求,膜的质量及成膜速率较低。因而,将电化学沉积法和水热法有机的结合起来,形成具有潜力的水热电化学沉积技术。采用水热电化学沉积法制备的薄膜或涂层具有较高的均匀性和致密性,涂层与基体的结合强度有所提高,同时涂层制备过程一次完成,无须后续热处理,避免了因高温处理而引起的羟基磷灰石的热分解。但该工艺影响因素较多,不易控制。

朱广燕等利用水热电沉积技术成功地在碳/碳复合材料表面制备出羟基磷灰石涂层,并系统地研究了电解液浓度、水热温度、沉积电压、电流密度等各种工艺因素对涂层性能的影响。为了进一步优化水热电沉积工艺,黄剑锋等发明了超声水热电沉积和微波水热电沉积新方法,并申请了国家发明专利。超声水热电沉积方法是利用超声波的选择作用来制备结合力优良的羟基磷灰石涂层;微波水热电沉积则是利用微波的穿透作用使物质的传输和渗透作用增强,从而制备出和基体呈犬牙结合的羟基磷灰石涂层,大大提高了涂层与基体的结合强度。

5. 水热电泳沉积新方法

电泳沉积技术是一种沉积条件温和、非直线沉积过程的表面涂覆方法,可以在复杂形状的基体上制备均匀的涂层,并可避免传统高温涂覆过程中引起的羟基磷灰石涂层脆裂和相变,沉积效率高,涂层结构、厚度易于控制,设备简单,操作方便;水热法是指在密封压力容器中,以水或有机溶剂作为反应介质,在高温、高压下,使难溶或不溶的物质溶解、反应并重结晶,最终生成沉淀的方法。但是,水热法需要较高的温度和压力,而单纯的电泳沉积法制备的涂层与基体的结合强度不高,需要通过后续的烧结处理提高其结合力。因此,可将水热法和电泳沉积法结合起来,形成一种新的生物活性涂层制备技术——水热电泳沉积法。

图1-6所示为水热电泳沉积法的反应装置图,它是借助水热反应能在溶液中产生高温、高压的特性,将装有悬浮液的密闭反应容器(高压反应釜)与外部直流电源相连,在水热反应和直流电场的共同作用下,使得通常难溶或不溶的物质溶解、反应并在基体上重结晶形成涂层。在整个沉积过程中,水热反应产生的高温、高压气氛一方面使悬浮液的黏度下降,由于扩散作用与悬浮液的黏度成反比,所以在水热环境下,悬浮液的扩散作用增强,从而提高晶核和晶粒的生长速率;另一方面,虽然高温、高压气氛使悬浮液的介电常数明显降低。但总的来说,水热环境下的悬浮液仍比常温常压下的悬浮液具有更高的导电性,即具有更大的对流驱动力。同时,在水热电泳沉积过程中,电极反应速率和沉积速率可通过调节电极电位来控制,以达到提高涂层制备速率的目的。

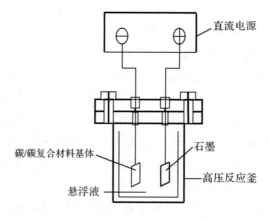

图1-6 水热电泳沉积装置图

水热电泳沉积的原理：Hamaker 和 Vervay 认为，电泳沉积理论即为双电层理论，悬浮液中带电粒子在一定大小和方向的外加电场驱动下，克服静电斥力而进入另一个带电粒子的双电层内部，在范德瓦耳斯引力的作用下发生了定向沉积。有研究认为，在发生上述电泳沉积的过程中，还发生了电解反应，该研究指出，在电场力的作用下，一定数量的粒子移动到电极附近后停留在那里，等到电极附近积累的粒子浓度达到一定数值后，发生电解反应，所产生的电解质再去中和没有发生反应的带电粒子的电荷，使得整个悬浮液的 ζ 电位下降，而 ζ 电位的降低引起被中和的粒子，即电极附近的粒子在电极上发生了沉积。电泳沉积分为带电颗粒在外加电压下的定向迁移和带电颗粒在相反电极上放电沉积两个过程。有研究认为，电泳沉积制备薄膜的过程包括成核期（带电颗粒在相反电极表面形成细小的岛状团聚体）、核的长大期（即细小岛状团聚体的长大过程）、长大的核之间的链接（网状链接）过程以及薄膜的最终（网状层于层之间的链接）形成过程四个阶段。

水热电泳沉积法制备涂层时晶粒的生长机理：水热电泳沉积是一个快速的反应过程，它是在电泳的基础上提供了水热环境，使得电泳沉积反应在高温、高压下进行，因此，该方法较单纯的电泳沉积有很多独特的表现，例如在水热条件下，悬浮液的黏性会有所下降，这样会有利于带电颗粒向电极附近的快速移动。同时，使得悬浮溶剂在一定的温度下会发生较大程度的电离，有利于悬浮颗粒的荷电，这样就提高了整个悬浮液的导电性能。有人将水热电泳制备涂层的过程分为水热环境下颗粒发生溶解并以荷电粒子的形式进入溶液、荷电粒子在热对流以及溶解区与生长区之间浓度差的影响下进入生长区、荷电粒子在生长区内的生长界面上发生吸附和分解以及脱附等反应、发生吸附的荷电粒子在生长界面上的运动和晶粒的生长等五个阶段。

1.7.4　羟基磷灰石基生物复合涂层结构表征方法

1. X 射线衍射分析

采用日本理学 D/max – 2200pc 型自动 X 射线衍射仪（X – ray Diffraction，XRD）对合成的纳米羟基磷灰石粉体和复合涂层进行物相分析。采用石墨单色器，扫描角度从 10° 到 70°，扫描速率为 1°/min，铜靶 Kα 射线（管电压为 40 kV，管电流为 40 mA），采样测试宽度为 0.02°。

X 射线衍射法是对材料的相结构、组成及晶粒尺寸进行分析的一种常用方法。通过 X 射线衍射法，不仅可以定性、定量的测量晶体物质的成分，而且能够详细了解晶体分子的结构式、立体构型以及各元素的存在状态和晶粒尺寸。基于 X 射线具有波粒二相性的理论基础，采用 X 射线衍射法对物相进行定性分析的原理是：用 X 射线以一定角度 θ 入射测试样品，样品中满足布拉格（Bragg）公式 $2d\sin\theta = n\lambda$ 的晶面就会产生衍射峰。布拉格公式中的 d 代表 (hkl) 晶面的晶面间距，θ 是布拉格衍射角，整数 n 是衍射级数，λ 是 X 射线或粒子的波长。因为材料本身具有的原子种类、原子排列和点阵参数是特定的，所以就会在特定的 2θ 角度位置处产生衍射峰，从而能够定性分析材料的结构。

2. 透射电子显微镜分析

采用日本 JEOL 公司的 JEM – 3010F 型透射电子显微镜（Transmission Electronic Microscope，TEM）对合成的粉体进行微观形貌分析，观察声化学法合成的纳米羟基磷灰石粉体的形貌特征和颗粒尺寸大小。

透射电子显微镜（简称"透射电镜"）是对材料的形貌和结构进行观察的一种有效方法，其本质就是一种高放大倍数、高分辨率的显微镜，在当前材料分析中占有非常重要的地位。透射电子显微镜的原理是将电子束聚焦后以扫描的方式作用于样品上的某一微区，随后反馈回来物理信息，收集其中的二次电子，经信号处理后得到样品表面微观形貌的放大图像。目前，透射电子显微镜主要应用于粉末材料的微观形貌分析。

3. 红外光谱分析

采用德国 BRUKER 公司的 Vector 型傅里叶变换红外光谱分析仪（Fourier Transform Infrared，FTIR）对纳米羟基磷灰石、壳聚糖粉体和复合涂层的官能团结构进行测试分析。红外光谱分析是对材料的分子结构进行定性、定量分析的一种常用方法。它主要用于有机物质的检测，可以测定分子的键长、键角大小，从而确定分子的立体结构及化学键强。

4. 扫描电子显微镜分析

采用 JSM – 6460 型扫描电子显微镜（Scanning Electron Microscope，SEM）对复合涂层的表面、断面微观形貌和涂层的厚度进行分析，分辨率为 3.5 nm，加速电压为 20 kV，最大束流为 2 μA。

扫描电子显微镜是继透射电子显微镜之后发展起来的一种电子显微镜，在当前材料分析中占有重要的地位，是非常有效的测试方法。扫描电子显微镜的原理是将电子束聚焦后以扫描的方式作用于样品，随后反馈回来物理信息，收集其中的二次电子，经信号处理后得到样品表面微观形貌的放大图像。目前，扫描电子显微镜主要应用于材料的微观形貌分析、应力分析和断面分析等方面。它的特点是分辨本领很强、放大倍率比较高、景深比较大、制样比较简单。另外，通过在扫描电镜上组装其他观察仪器（如波谱仪、能谱仪等）可以采用扫描显微镜对试样进行表面形貌和微区成分等方面的综合分析。

参 考 文 献

［1］何天白，胡汉杰. 功能高分子与新技术［M］. 北京：化学工业出版社，2001.

［2］李玉宝. 生物医学材料［M］. 北京：化学工业出版社，2001.

［3］赵鸣岐，黄威嫩，胡米，等. 生物医用材料表面高分子基涂层的功能化构筑［J］. 材料导报，2019，33（1）：30 – 42.

［4］俞耀庭. 生物医用材料［M］. 天津：天津大学出版社，2000.

[5] 李婧，王怀明. 修饰生物材料促进骨组织工程血管化研究进展[J]. 医学综述，2019，25(2)：56－61.

[6] 尾野幹也. 生体材料とは何か[M]. 东京：丸善株式会社，1992.

[7] 渡边正. 工学とバイオ[J]. 生产研究，2004，56(4)：32－35.

[8] 望月精一. 血液净化（血液透析）と生体内ラジカル种[J]. 化学工学，2000，64(2)：8－9.

[9] 谷下一夫. 外部灌流型膜型人工肺[J]. 化工工学，2000，64(2)：69－71.

[10] 岩田博夫. 高龄社会へ向けた医疗用具と人工脏器の研究[J]. 高分子，2000，49(9)：644－647.

[11] 师昌绪. 跨世纪材料科学技术的若干热点问题[J]. 自然科学进展，1999，9(1)：25－28.

[12] 陈贻瑞，王建. 基础材料与新材料[M]. 天津：天津大学出版社，1999.

[13] 于思荣. 生物医学钛合金的研究现状及发展趋势[J]. 材料科学与工程，2000，18(2)：131－134.

[14] 于思荣. 金属系牙科材料的应用现状及部分元素的毒副作用[J]. 金属功能材料，2000，7(1)：1－6.

[15] 陈治清. 口腔材料学[M]. 北京：人民卫生出版社，1997.

[16] 李世普，孙淑珍. 纯刚玉人工关节及人工骨材料的研制[J]. 中国生物医学工程学报，1983，2(4)：230－257.

[17] 陈治清. 关于无机生物材料的发展战略[J]. 材料导报，1993(3)：49－52.

[18] 高法章. 齿料陶瓷的进展[J]. 口腔材料器械杂志，1995，4(3)：122－125.

[19] 陈晓明. $\beta-Ca_3(PO_4)_2$ 陶瓷人工骨的组成与结构特征[J]. 武汉工业大学学报，1995，17(4)：136－139.

[20] 郑启新. 多孔磷酸钙陶瓷人工骨修骨缺损的实验研究和临床应用[J]. 中华骨科杂志，1992，12(1)：12－14.

[21] 李彦，陈安玉. 可切割生物活性玻璃陶瓷骨内科植体的动物实验研究[J]. 华西口腔医学杂志，1991，9(1)：66－70.

[22] 李立华. 高强度生物微晶玻璃的研究[J]. 硅酸盐通报，1992(3)：4－8.

[23] 冷一，李祖浩，任广凯，等. 生物活性支架在骨组织工程中的应用及进展[J]. 中国组织工程研究，2019，23(6)：963－970.

[24] 陈德敏. 羟基磷灰石生物陶瓷合成及其生物学性能评价[J]. 中华口腔医学杂志，1991，26(5)：294－296.

[25]《材料科学技术百科全书》编辑委员会. 材料科学技术百科全书[M]. 北京：中国大百科全书出版社，1995.

[26] LANZA R P，LANGER R S，CHICK W L. Principles of tissues engineering[M]. Pittsburgh：Academic Press，1997.

[27] 李世普. 生物医用材料导论[M]. 武汉：武汉工业大学出版社，2000.

[28] 青木秀希, 加纳诚介, 赤尾. 生体材料としてのアパタイトセラミクックス[J]. Shika Rikogaku Zasshi, 1975, 10(7):469-478.

[29] 任卫, 曹献英, 冯凌云, 等. 纳米羟基磷灰石合成及表面改性的途径和方法[J]. 硅酸盐通报, 2002, 21(1):38-43.

[30] 李世普. 生物陶瓷[M]. 武汉:武汉工业大学出版社, 1989.

[31] 赵灿灿. 微纳米结构羟基磷灰石对骨髓间充质干细胞成骨分化的调控研究[D]. 上海:中国科学院大学(中国科学院上海硅酸盐研究所), 2018.

[32] 常程康, 丁传贤. 氧化锆羟基磷灰石梯度涂层材料的研究[J]. 无机材料学报, 1998, 13(1):71-77.

[33] 憨勇, 徐可为. 羟基磷灰石生物陶瓷涂层制备方法评述[J]. 硅酸盐通报, 1997 (5):47-50.

[34] 王迎军, 苏雪筠. 氧化锆增韧羟基磷灰石生物活性复合材料[J]. 中国陶瓷, 1997, 33(6):5-11.

[35] 储成林, 王世栋. 羟基磷灰石(HA)生物复合材料的研究进展[J]. 材料导报, 1999, 13(2):51-54.

[36] 杨蕾, 梁军, 许益蒙, 等. AZ31镁合金表面含纳米羟基磷灰石微弧氧化涂层的制备及性能研究[J]. 表面技术, 2018, 47(4):153-159.

[37] 乔军杰, 安帅, 程宏飞, 等. 纳米羟基磷灰石复合人工骨材料的研究进展[J]. 生物骨科材料与临床研究, 2018, 88(3):67-71.

[38] 张阳德, 乐园, 赵梓屹. 羟基磷灰石骨修复材料[J]. 中国现代医学杂志, 2006, 16 (1):72-75.

[39] 沈卫, 顾燕芳, 刘昌胜, 等. 羟基磷灰石的表面特性[J]. 硅酸盐通报, 1996, 17 (1):45-52.

[40] 资文华, 孙俊赛, 陈庆华, 等. 纳米羟基磷灰石制备工艺的最新研究进展[J]. 昆明理工大学学报(理工版), 2003, 28(4):28-31.

[41] 陈德敏. 生物陶瓷材料[J]. 口腔材料器械杂志, 2007, 15(6):94-100.

[42] 唐月军, 吕春堂. 医用复合生物陶瓷的研究进展[J]. 国际生物医学工程杂志, 2006, 29(1):114-116.

[43] 陈菲. 羟基磷灰石生物医用陶瓷材料的研究与发展[J]. 中国陶瓷, 2006, 42 (4):8-10.

[44] 王鹏飞, 阮孝慈, 杨富帮. 纳米羟基磷灰石/胶原复合材料的研究进展[J]. 杭州化工, 2017, 47(2):10-13.

[45] 冯庆玲, 崔福斋, 张伟. 纳米羟基磷灰石/胶原骨修复材料[J]. 中国医学科学院学报, 2002, 24(2):124-128.

[46] 张红雨, 李迎新, 顾汉卿. 纳米技术在现代医学中的应用[J]. 医疗卫生装备, 2007, 28(9):29-31.

[47] JARCHO M, BOLEN C H, THOMAS M B. Hydroxylapatite synthesis and

characterization in dense polycrystalline form[J]. Journal of Materials Science, 1976, 11 (11):2027 - 2035.

[48] ITOH S, KIKUCHI M, TAKAKUDA K, et al. The biocompatibility and osteoconductive activity of a novel hydroxyapatite/collagen composite biomaterial, and its function as a carrier of rhBMP - 2[J]. Journal of Biomedical Materials Research, 2001, 54(3):445 - 453.

[49] 黄立业. 电化学沉积-水热合成法制备羟基磷灰石生物涂层的工艺研究[J]. 硅酸盐学报, 1998, 26(1):87 - 91.

[50] LI T, LEE J, KOBAYASBIT, et al. Hydroxyoycitite coating by dipping method, and bone bond bonding strength[J]. Journal of Materials Science: Materials in Medicine, 1996, 7(6):355 - 357.

[51] HIDEKI A, MASATAKA O. Effect of Adracin - adsorbing HAP - sol on Ca - 9 cell go wt h[J]. reports of institute for medical and dental engineering, 1993(27): 39 - 44.

[52] 加纳诚介, 山崎淳司, 青木秀希, 等. ハイドロキシァバタイト微结晶体の各种药剂吸着特性おょび徐放性[J]. Drug Delivery System, 1993, 8(6): 467 - 471.

[53] 张士成, 李世普, 陈芳. 磷灰石超微粉对癌细胞作用的初步研究[J]. 武汉理工大学学报, 1996, 18(1):5 - 8.

[54] 夏清华, 陈道达, 林华, 等. HASM 对 W - 256 细胞系 DNA 含量及细胞周期的影响[J]. 武汉理工大学学报, 1999, 21(3):20 - 21.

[55] 刘羽, 彭明生. 磷灰石在废水治理中的应用[J]. 安全与环境学报, 2001, 1 (1):9 - 12.

[56] 王艳, 王学荣, 刘博林. 羟基磷灰石多孔陶瓷的研究[J]. 长春理工大学学报, 2002, 25(4):67 - 69.

[57] 戴怡. 羟基磷灰石陶瓷在室温下的湿敏性能[J]. 大连工业大学学报, 1998, 17 (3):26 - 29.

[58] 何毅, 刘孝波, 杨德娟, 等. 纳米级 β-磷酸钙的合成[J]. 合成化学, 2000, 8(2): 96 - 99.

[59] 王志强, 马铁成, 韩趁涛, 等. 湿法合成纳米羟基磷灰石粉末的研究[J]. 无机盐工业, 2001, 33(1):3 - 5.

[60] CUNEYT T S. Synthesis of biomimetic Ca - hydroxyapatite powders at 37°C in synthetic body fluids[J]. Biomaterials, 2000, 21(14):1429 - 1438.

[61] AOKI H, KUTSUNO T, LI W, et al. An in vivo study on the reaction of hydroxyapatite - sol injected into blood[J]. Journal of Materials Science Materials in Medicine, 2000, 11(2):67 - 72.

[62] YAMAGUCHI I, TOKUCHI K, FUKUZAKI H, et al. Preparation and microstructure analysis of chitosan/hydroxyapatite nanocomposites[J]. Journal of

Biomedical Materials Research，2015，55(1):20－27.

[63] YUBAO L，WIJN J D，KLEIN C P A T，et al. Preparation and characterization of nanograde osteoapatite－like rod crystals[J]. Journal of Materials Science (Materials in Medicine)，1994，5(5):252－255.

[64] MIN K S，CHAO J W. Synthyesis of ultra－fine hydroxyapatite powder by hydrothermal reaction[J]. YoopHakhoechi，1992，29(12):997－1003.

[65] ANDRESVERGES M，FERNANDEZGONZALEZ C，MARTINEZGALLEGO M. Hydrothermal Synthesis of Calcium Deficient Hydroxyapatites with Controlled Size and Homogeneous Morphology[J]. Journal of the European Ceramic Society，1998，18(9):1245－1250.

[66] 廖凯荣，薄颖慧，李洪权，等. 聚(D,L-乳酸)/羟基磷灰石复合材料的体外降解行为[J]. 生物医学工程学杂志，1999，16(1):12－13.

[67] 张利，李玉宝，魏杰，等. 纳米羟基磷灰石/壳聚糖复合骨修复材料的共沉淀法制备及其性能表征[J]. 功能材料，2005，36(3):441－444.

[68] 刘羽，钟康年，胡文云. 溶胶-凝胶法合成条件与羟基磷灰石特征的关系[J]. 材料科学与工程，1997，15(1):63－65.

[69] 邬鸿彦，朱明刚. 纳米级羟基磷灰石生物陶瓷粉末的制备新方法[J]. 河北师范大学学报，1997，21(3):266－269.

[70] TOYODA M，TERANISH E. Low temperature preparation of β-tri-calcium phosphate through sol－gel processing method[J]. Journal of the Physical Society of Japan，2000，108(2):213－215.

[71] 丁云飞. 纳米羟基磷灰石及牛骨原料多孔生物陶瓷的制备和性能表征[D]. 合肥:合肥工业大学，2010.

[72] 任强，武秀兰. 纳米羟基磷灰石粉体制备工艺的研究[J]. 中国陶瓷，2006，42(3):3－5.

[73] KOURNOULIDIS G C，VAIMAKISTC，SDOUKOS A T. Preparation of Hydroxyapatite Lathlike Particles Using High－Speed Dispersing Equipment[J]. Journal of the American Ceramic Society，2001，84(6):1203－1208.

[74] 张玉军，尹衍升，王迎军. 羟基磷灰石及其复合生物陶瓷材料研究进展[J]. 生物医学工程学杂志，1999，16(S1):37－39.

[75] 沈兴海，高宏成. 纳米微粒的微乳液制备法[J]. 化学通报，1995(11):6－9.

[76] 王笃金，吴瑾光. 反胶团或微乳液法制备超细颗粒的研究进展[J]. 中国粉体技术，1994(1):1－5.

[77] BOUTNONE M，KIZLING J，STENIUS P，et al. The preparation of monodisperse colloidal metal particles from microemulsions[J]. Colloids and Surfaces，1982，5:209－225.

[78] 张韵慧，李磊，邵晓芬，等. 微乳液法制备 ZnS:Mn 纳米晶及性能的表征[J]. 功能

材料,2001,32(4):405-406.

[79] 梁桂勇,翟学良. 微乳液法制备纳米银粒子[J]. 功能材料,1999(5):484-485.

[80] 郑仕远,陈健,潘伟. 湿化学方法合成及应用[J]. 材料导报,2000,14(9):25-27.

[81] LIM G K, WANG J, NG S C, et al. Processing of hydroxyapatite via microemulsion and emulsion routes[J]. Biomaterials,1997,18(21):1433-1439.

[82] CHEN W N. Hepatitis B virus surface antigen mutants persist in chronic carriers receiving lamivudine therapy in Singapore [J]. Journal of Antimicrobial Chemotherapy,2002,49(6):1044-1046.

[83] WANG J L, LIM G K, ONG C L, et al. Nanostructured Ceramics via Microemulsion Processing Routes[J]. Key Engineering Materials,1997(4):132-136.

[84] 郭学锋,丁维平,颜其洁. 一种新的制备纳米微粒的方法:快速均匀沉淀法[J]. 无机化学学报,2000,16(3):527-530.

[85] 叶焕英. 纳米片磷酸铁和磷酸铁锂的制备与表征[D]. 南昌:南昌大学,2012.

[86] 江昕,韩颖超,李世普,等. 快速均匀沉淀法制备纳米级 HAP 粉末[J]. 硅酸盐通报,2002,21(1):44-46.

[87] 徐志刚,程福祥. $CoFe_2O_4$ 纳米材料的燃烧法合成及磁性研究[J]. 科学通报,2000,45(17):1837-1841.

[88] 王欣宇,韩颖超. 自然烧法合成纳米 HA 粉末[J]. 硅酸盐学报,2002(3):387-389.

[89] 李波,李立华,赵名艳,等. Sol-gel 原位相转变矿化制备纳米羟基磷灰石/壳聚糖复合支架材料[J]. 复合材料学报,2011,28(4):83-88.

[90] 张明福. 自然烧法合成 $BaNd_2Ti_5O_{14}$ 的凝胶化及热处理研究[J]. 无机材料学报,2002(5):879-883.

[91] 岳振星,周济. 柠檬酸盐凝胶的自然烧与铁氧体纳米粉合成[J]. 硅酸盐学报,1999(4):466-470.

[92] SHIRKHANZADEH M. Direct formation of nanophase hydroxyapatite on cathodically polarized electrodes[J]. Journal of Materials Science(Materials in Medicine),1998,9(2):67-72.

[93] 陈际达,王远亮,蔡绍皙,等. 纳米羟基磷灰石复合材料制备方法研究[J]. 生物物理学报,2001,17(4):778-784.

[94] 廖其龙,徐光亮. 纳米羟基磷灰石的水热合成[J]. 功能材料,2002,33(3):338-340.

[95] 孙俊芬,陈景草. 自组装法制备 CS/HAP 杂化膜的结构与性能研究[J]. 纺织科学与工程学报,2018,35(4):99-104.

[96] 赖欣,侯毅,李玉宝,等. 阴阳离子聚氨酯/羟基磷灰石复合微球的制备及其自组装[J]. 无机化学学报,2017,33(8):1403-1410.

[97] YANG X D, LI Y B, WEI J, et al. P reparation and property study of medical HA/ TiO_2 nano-composite[J]. China Journal Modern Medicine,2003,13(5):26-28.

[98] WANG R Z, CUI F Z, LU H B, et al. Synthesis of nanophase hydroxyapatite/collagen composite [J]. Journal of Materials Science Letters, 1995, 14(7):490 - 492.

[99] LUO P, ZHANG Y D, PENG J, et al. Bioresorbable self - setting injectable nano - bone putty[J]. China Medical Engineering, 2003, 26(8):192 - 201.

[100] Feng Q L. Nano - hydroxyapatite/collagen composite for bone repair[J]. Acta Academiae Medicinae Sinicae, 2002, 24(2):124 - 128.

[101] 彭雪林,李玉宝,王学江,等. 医用纳米羟基磷灰石/聚酰胺66复合材料体外浸泡行为研究[J]. 功能材料, 2004, 35(2):253 - 256.

[102] PENG X L, LI Y B, YAN Y G, et al. In Vitro Study on the Surface Bioactivity of Nano-Hydroxyapatite/Polyamide 66 Composite[J]. High Technology Letters, 2004, 35(2):253 - 256.

[103] 林晓艳,鲁建,李虎,等. 纳米羟基磷灰石/胶原复合材料制备方法比较研究[J]. 化学研究与应用, 2005, 17(5):611 - 614.

[104] 张利,李玉宝,王学江,等. 纳米羟基磷灰石/聚酰胺多孔支架材料的制备及性能研究[J]. 高技术通讯, 2004, 14(6):43 - 46.

[105] ZHANG L, WANG Q C, TANG L S. Clinical observation of secondary hydroxyapatite intraorbital implant[J]. China Journal Modern Medicine, 2004, 14(17):119 - 120.

[106] JOHNSON K D, KEREK E F, TONY S K, et al. Porous ceramics as bone graft substitutes in long bone defects: A biomechanical, histological, and radiographic analysis[J]. Journal of Orthopaedic Research, 2010, 14(3):351 - 369.

[107] WANG X, LI Y, WEI J, et al. Development of biomimetiz nano - hydroxyapatite/poly(hexamethglene adipamide) composites[J]. Biomaterials, 2002, 23(24):4787 - 4791.

[108] SHIKINAMI Y, HATA K, OKUNO M. Ultra - high strength resorbable implants for oral and maxillofacial surgery made from composites of bioactive ceramic particles/polylactide[J]. International Journal of Oral & Maxillofacial Surgery, 1997, 26(1):37.

[109] 王科,樊东力,张一鸣. 羟基磷灰石/硅橡胶复合材料的制备及机械性能检测[J]. 第三军医大学学报, 2006, 28(8):798 - 800.

[110] 赵俊亮,付涛,魏建华,等. 羟基磷灰石/环氧树脂复合材料的制备与性能[J]. 生物医学工程学杂志, 2005, 22(2):238 - 241.

[111] 刘克敏,李玉宝,左奕,等. 高透明度聚乙烯醇水凝胶的制备、表征及透明机理研究[J]. 功能材料, 2008, 39(6):994 - 997.

[112] 罗庆平,刘桂香,杨世源,等. 磷酸单酯偶联剂改性羟基磷灰石/高密度聚乙烯复合人工骨材料的制备和性能[J]. 复合材料学报, 2006, 23(1):80 - 84.

[113] 全在萍，李世普. 聚 DL-丙交酯/羟基磷灰石（PDLLA/HA）复合材料（Ⅰ）：制备及力学性能[J]. 中国生物医学工程学报，2001，20(6)：485-488.

[114] 宋晓峰，凌风光，陈学思. 纳米羟基磷灰石表面接枝聚合左旋丙交酯[J]. 高分子学报，2013(1)：95-101.

[115] 李保强，胡巧玲，汪茫，等. 原位复合法制备层状结构的壳聚糖/羟基磷灰石纳米材料[J]. 高等学校化学学报，2004，25(10)：1949-1952.

[116] 胡巧玲，钱秀珍，李保强，等. 原位沉析法制备壳聚糖棒材的研究[J]. 高等学校化学学报，2003，24(3)：528-531.

[117] 郑裕东，王迎军，陈晓峰，等. 溶胶-凝胶法原位复合 PVA/HA 水凝胶的结构表征与性能研究[J]. 高等学校化学学报，2005，26(9)：1732-1734.

[118] 王迎军，刘青，郑裕东，等. 沉淀法原位复合聚乙烯醇（PVA）、羟基磷灰石（HA）水凝胶的结构与性能研究[J]. 中国生物医学工程学报，2005，24(2)：150-153.

[119] 张利，李玉宝，魏杰，等. 纳米羟基磷灰石/壳聚糖复合骨修复材料的共沉淀法制备及其性能表征[J]. 功能材料，2005，36(3)：441-444.

[120] 郭颖，李玉宝，严永刚. 纳米磷灰石晶体/聚酰胺66复合材料的制备和界面研究[J]. 四川大学学报（自然科学版），2002，39(3)：479-483.

[121] 严永刚，李玉宝. 聚酰胺-66/羟基磷灰石复合材料的制备和性能研究[J]. 塑料工业，2000，28(3)：38-40.

[122] 王学江，汪建新，李玉宝，等. 常压下纳米级羟基磷灰石针状晶体的合成[J]. 高技术通讯，2000，10(11)：92-94.

[123] WEI J, LI Y B. Tissue engineering scaffold material of nano-apatite crystals and polyamide composite[J]. European Polymer Journal, 2004, 40(3)：509-515.

[124] 张翔，李玉宝，宋之敏，等. PA 66/HA 复合生物材料的力学性能研究[J]. 中国塑料，2005(6)：25-29.

[125] 卢神州，李明忠，白伦. 羟基磷灰石/丝素蛋白纳米复合颗粒的制备[J]. 丝绸，2006(2)：17-19.

[126] 崔福斋，郑传林. 仿生材料[M]. 北京：化学工业出版社，2004.

[127] 李贺军. 炭/炭复合材料[J]. 新型炭材料，2001，16(2)：79-80.

[128] 熊信柏，李贺军，黄剑锋，等. 一种制备仿生生物活性钙磷涂层的新方法[J]. 稀有金属材料与工程，2004(3)：313-316.

[129] 曹宁，李木森，李和胜. 等离子喷涂 HA 涂层的制备工艺优化与表征研究进展[J]. 材料工程，2009(2)：79-84.

[130] 朱广燕，黄剑锋，吴建鹏，等. 碳/碳复合材料表面羟基磷灰石生物涂层的研究进展[J]. 稀有金属材料与工程，2007(A2)：749-753.

[131] SUI J L, LI M S, LU Y P, et al. The effect of plasma spraying power on the structure and mechanical properties of hydroxyapatite deposited onto carbon/carbon composites [J]. Surface & Coatings Technology, 2005, 190(2/3)：287-292.

[132] 任学佑,马福康. 碳/碳复合材料的发展前景[J]. 材料导报,1996(2):72-75.

[133] BUCKLEY J D. Carbon - Carbon Materials and Composites[M]. Norwich: William Andrew Publisbing,1993.

[134] WINDHORST T, GORDON B. Carbon - carbon composites: a summary of recent developments and applications[J]. Materials & Design,1997,18(18):11-15.

[135] KONWAR R J, DE, MAGYTA. Development of templated carbon by carbonisation of sucrose - zeolite composite for hydrogen storage [J]. International Journal of Energy Research,2015,39(2):223-233.

[136] Sheehan J E, Buesking K W, Sullivan B J. Carbon - Carbon Composites[J]. Annual Review of Materials Research,1994,24(1):19-44.

[137] 沈曾民. 新型碳材料[M]. 北京:化学工业出版社,2003.

[138] 贺福,王茂章. 碳纤维及其复合材料[M]. 北京:科学出版社,1995.

[139] 侯向辉,陈强,喻春红,等. 碳/碳复合材料的生物相容性及生物应用[J]. 功能材料,2000,31(5):460-463.

[140] 吴小文,刘若兰,龙海飞. 基于专利数据的碳纳米材料生物医用技术发展趋势分析[J]. 中国材料进展,2017,36(2):149-154.

[141] 滕伟,郑岳华. 碳纤维增强碳及其与羟基磷灰石复合种植体骨界面[J]. 中山大学学报(医学科学版),1999(1):42-44.

[142] 熊信柏,李贺军,黄剑锋,等. 医用碳材料对骨组织的响应及其生物活化改性[J]. 稀有金属材料与工程,2005(4):515-520.

[143] BACÁKOVÁ L, STARY V, KOFRONOVÁ O, et al. Polishing and coating carbon fiber - reinforced carbon composites with a carbon - titanium layer enhances adhesion and growth of osteoblast - like MG63 cells and vascular smooth muscle cells in vitro[J]. Journal of Biomedical Materials Research,2015, 54(4):567-578.

[144] 赵冰,杜荣归,林昌健. 羟基磷灰石生物陶瓷材料的制备及其新进展[J]. 功能材料,2003(2):126-129.

[145] 周恒,李振铎,李敦钫,等. 纳米羟基磷灰石晶体的制备及表征[J]. 有色金属(冶炼部分),2010,18(6):13-16.

[146] EARL J S, WOOD D J, MILNE S J. Hydrothermal synthesis of hydroxyapatite [J]. Journal of Physics(Conference Series),2006,26:268-271.

[147] HENCH L L. Sol - Gel Materials for Bioceramic Applications[J]. Current Opinion in Solid State and Materials Science,1997,2(5):604-610.

[148] 宋云京,温树林,李木森,等. 高品质羟基磷灰石纳米粉体的制备及物理化学过程研究[J]. 无机材料学报,2002,17(5):985-991.

[149] CAO L Y, ZHANG C B, HUANG J F. Influence of temperature, $[Ca^{2+}]$, Ca/P ratio and ultrasonic power on the crystallinity and morphology of hydroxyapatite

nanoparticles prepared with a novel ultrasonic precipitation method[J]. Materials Letters, 2005, 59(14/15):1902 – 1906.

[150] LIM G K, WANG J, NG S C, et al. Processing of fine hydroxyapatite powders via an inverse microemulsion route[J]. Materials Letters, 1996, 28(4):431 – 436.

[151] LIM G K, WANG J, NG S C, et al. Nanosized hydroxyapatite powders from microemulsions and emulsions stabilized by a biodegradable surfactant[J]. Journal of Materials Chemistry, 1999, 9(7):1635 – 1639.

[152] 任卫, 李世普, 王友法. 微乳液法制备纳米羟基磷灰石的机理[J]. 材料研究学报, 2004, 18(3):257 – 264.

[153] 李明昊. 超声技术在无机材料合成与制备中的应用分析[J]. 信息记录材料, 2018(7):24 – 26.

[154] 潘倩雯, 刘宏, 李力. 纳米羟基磷灰石复合材料人工骨的研究进展[J]. 中国药房, 2017(4):566 – 569.

[155] ZHU G Y, HUANG J F, CAO L Y, et al. Preparation of Hydroxyapatite Coatings on Carbon/Carbon Composites by a Hydrothermal Electrodeposition Process[J]. Key Engineering Materials, 2008, 368/369/370/371/372:1238 – 1240.

[156] 任琳, 曹田. 纳米羟基磷灰石合成方法研究新进展[J]. 现代技术陶瓷, 2006, 27(2):21 – 24.

[157] SILVA C C, PINHEIRO A G, Oliveira R S D, et al. Properties and in vivo investigation of nanocrystalline hydroxyapatite obtained by mechanical alloying[J]. Materials Science & Engineering (C: Biomimetic and Supramolecular Systems), 2004, 24(4):549 – 554.

[158] 冯杰, 曹洁明, 邓少高. 纳米结构羟基磷灰石的微波固相合成新方法[J]. 无机化学学报, 2005, 21(6):801 – 804.

[159] 廖其龙, 杨世源, 蔡灵仓, 等. 用冲击波合成法制备羟基磷灰石粉体[J]. 高压物理学报, 2002, 16(4):249 – 253.

[160] CHEN H, CLARKSON B H, SUN K, et al. Self – assembly of synthetic hydroxyapatite nanorods into an enamel prism – like structure[J]. Journal of Colloid & Interface Science, 2005, 288(1):97 – 103.

[161] RHEE S H, TANAKA J. Self – assembly phenomenon of hydroxyapatite nanocrystals on chondroitin sulfate[J]. Journal of Materials Science(Materials in Medicine), 2002, 13(6):597 – 600.

[162] 蒋挺大. 甲壳素[M]. 北京:化学工业出版社, 2001.

[163] 徐君义. 21 世纪是甲壳素世纪吗?[J]. 中国科技信息, 1998(12):11 – 13.

[164] 夏文水, 陈洁. 甲壳素和壳聚糖的化学改性及其应用[J]. 无锡轻工业学院学报, 1994(2):162 – 171.

[165] 杨军, 陈治清. 壳聚糖-羟基磷灰石复合材料修复骨缺损的实验研究[J]. 口腔医

学纵横，1992，8(11)：6-8.

[166] 朱秀梅. 肝素钠局部注射治疗眼睑黄色瘤的临床观察[J]. 中国麻风皮肤病杂志，2004，20(2)：192.

[167] 王淑华，张新房，祝美华，等. 复方硫酸软骨素滴眼液的含量测定[J]. 中国药师，2013，16(6)：923-926.

[168] 程先苗，李玉宝，张利，等. 纳米羟基磷灰石/壳聚糖复合膜的制备及表征[J]. 功能材料，2008，39(6)：983-987.

[169] 李新化，郑治祥，汤文明，等. 羟基磷灰石生物陶瓷材料的现状及展望[J]. 合肥工业大学学报(自然科学版)，2002，25(6)：1148-1153.

[170] SUVOROVA E I, KHAMCHUKOW Y D, BUFFAT P A. Nanostructure of Hydroxyapatite Coatings Sprayed in Argon Plasma [J]. Key Engineering Materials，2004，254/255/256：891-894.

[171] OZYEGIN L S, OKTAR F N, GOLLER G，et al. Plasma - sprayed bovine hydroxyapatite coatings[J]. Materials Letters，2004，58(21)：2600-2609.

[172] 常程康，朱然怡，毛大立，等. 等离子喷涂羟基磷灰石涂层的材料学特征[J]. 无机材料学报，2000(5)：952-956.

[173] 隋金玲，李木森，吕宇鹏，等. 碳/碳复合材料表面羟基磷灰石涂层的研究[J]. 生物医学工程杂志，2005，22(2)：247-249.

[174] 隋金玲，李木森，吕宇鹏，等. 粉末粒度对碳/碳基体上羟基磷灰石涂层的影响[J]. 机械工程材料，2005，29(2)：21-23.

[175] CHUANBIN M. Biomimetic synthesis of inorganic materials[J]. Progress in Chemistry，1998，10(3)：25-27.

[176] LI S, ZHENG Z, LIU Q, et al. Collagen/apatite coating on 3 - dimensional carbon/carbon composite[J]. Journal of biomedical materials research，1998，40(4)：520-529.

[177] 付涛，徐可为. 仿生法沉积磷灰石层的研究进展[J]. 生物医学工程杂志，2001，18(1)：116-118.

[178] 朱立群. 功能膜层的电沉积理论与技术[M]. 北京：北京航空航天大学出版社，2005.

[179] 阿伦，拉里. 电化学方法原理和应用[M]. 北京：化学工业出版社，2005.

[180] STOCH A. FTIR study of electrochemically deposited hydroxyapatite coatings on carbon materials[J]. Journal of Molecular Structure，2003，651(1)：389-396.

[181] 肖秀峰. 水热电化学沉积羟基磷灰石涂层的工艺、结构和性能研究[D]. 秦皇岛：燕山大学，2005.

[182] 朱广燕，黄剑锋，曹丽云，等. 温度对碳/碳复合材料表面 HA 涂层的影响[J]. 武汉理工大学学报，2007，29(12)：52-54.

[183] 朱广燕，黄剑锋，曹丽云，等. 沉积电压对碳/碳复合材料表面 HA 涂层相组成及

显微结构的影响[J]. 硅酸盐学报，2008，36(2):154 - 157.

[184] 黄剑锋，李贺军，朱广燕，等. 一种超声水热电沉积制备涂层或薄膜的方法及其装置：200510096087[P]. 2006 - 05 - 03.

[185] 黄剑锋，李贺军，朱广燕，等. 一种微波水热电沉积制备涂层或薄膜的方法及装置：200510096086[P]. 2006 - 04 - 26.

[186] 徐如人，庞文琴. 无机合成与制备化学[M]. 北京:高等教育出版社，2001.

[187] 施尔畏，夏长泰，王步国. 水热法的应用于发展[J]. 无机材料学报，1996，11(2):193 - 206.

[188] 周玉，武高辉. 材料分析测试技术[M]. 哈尔滨:哈尔滨工业大学出版社，2007.

[189] 吴自勤，王兵. 薄膜生长[M]. 北京:科学出版社，2001.

[190] 杨南如. 无机非金属材料测试方法[M]. 武汉:武汉理工大学出版社，2005.

第2章
纳米羟基磷灰石的声化学合成工艺研究

2.1 纳米羟基磷灰石的声化学合成

羟基磷灰石是非常重要的生物陶瓷材料,其成分和人体骨骼十分相似,因其具有良好的生物相容性和与生物体组织良好的物理化学相容性,在生物医药和骨组织替代材料领域有着十分广泛的应用。为了制备高性能用于替代人工骨组织的羟基磷灰石微晶陶瓷材料,通常采用纳米级羟基磷灰石粉体,由于纳米羟基磷灰石粉体易于操作、注浆方便,且能在较低的温度下烧结,因此其制备的陶瓷材料表现出了更加优越的性能,例如更高的抗弯和抗压强度等。

目前,研究学者采用很多方法来制备羟基磷灰石粉体,如溶胶-凝胶法、均匀沉淀法、水热法、机械化合法、等离子法、喷雾干燥法、自蔓延燃烧法、超声喷射法、超声波喷雾冷冻干燥法、声化学合成法等。在这些方法中,固相反应法因为要求相对较高的温度和热处理时间,并且得到的粉末可烧结性较差而不被普遍采用。而湿化学方法因为比较好操作并且不需要什么昂贵的设备经常被采用来制备羟基磷灰石粉体,其中最常用的是沉淀法、水热法和溶胶-凝胶法,但这些方法各有优缺点。沉淀法工艺简单,制造成本低,但是制备的粉体均匀性差,可能发生团聚,需要加入适当的分散剂以控制沉淀速率;而且沉淀法制备的羟基磷灰石粉体必须采用后续烧结的工艺,烧制工艺对粉体的结构有很大影响,不易控制。水热法制备的羟基磷灰石结晶度高,无团聚或少团聚,但工艺条件要求高,需要高温、高压环境,导致成本较高;其获得的粉体粒径比沉淀法和溶胶-凝胶法大,通常在 $50\sim200$ nm 之间;而且,含有一定量的其他不纯相,如磷酸钙等。溶胶-凝胶法产物化学均匀性好、纯度高、颗粒细,具有较高的表面活性,但是获得的胶状沉淀洗涤过滤比较困难,胶块较难干燥,产品结晶度差,也有一定程度的团聚现象。总体来说,湿法合成羟基磷灰石粉体时需要严格控制合成工艺参数,如原料成分、纯度、反应温度、pH 等,来获得具有一定晶形的产品,而且湿法合成的产品通常具有针装和圆盘状晶形。相比较之下,超声喷雾冷冻干燥等方法可以制备出球形颗粒产品,球形颗粒产品具有比别的形状的产品更好的流动性,能制造出具有更好性能的羟基磷灰石生物陶瓷和用作骨替代及骨植入体涂层的羟基磷灰石涂层材料。

为了能够更为简易且高效地合成纳米羟基磷灰石微晶,本书创新性地以廉价的 $Ca(NO_3)_2$ 和 $NH_4H_2PO_4$ 等为起始原料,采用一种新颖的声化学合成法来制备无团聚、粒度小、活性高的羟基磷灰石纳米粉体,并详细研究了不同反应条件如反应温度、前驱液 Ca^{2+} 浓度、超声反应时间、超声功率、前驱液 Ca 与 P 物质的量之比等工艺条件,对制备羟基磷灰石晶形以及颗粒度等的影响,发现在不同的反应条件下,通过控制超声波的功率,可以比较简单地制备出球形和针状的纳米羟基磷灰石粉体。

采用如图 2-1 所示的实验装置制备纳米羟基磷灰石粉体。所采用的实验药品均为分析纯化工原料;超声波发生器为成都市九洲机电工程研究所研制的 SCⅢ型多频声超声波发生器。试样的制备工艺过程如下所示:

(1)首先用万分之一电子天平称取分析纯药品硝酸钙和磷酸二氢铵,按照 $n(Ca):n(P)=1.2\sim2.5$(物质的量比)的比例混合均匀后装入三口烧瓶中。

(2)加入蒸馏水使药品溶解,调整蒸馏水的加入量以使溶液中 Ca^{2+} 的浓度达到预定数值(本书采用的 Ca^{2+} 浓度范围为 $0.01\sim0.2$ mol/L)。

(3)配制饱和尿素溶液备用。

(4)按照图 2-1 安装装置,将超声波发生头(由 Ti 制成,探头直径×长度 $=\phi10$ mm × 70 mm,由一个超声转换器释放超声能量)放入烧瓶中,发生探头距离反应器底部 10 mm 左右;将整个烧瓶置入水浴中恒温。

(5)在磁力搅拌下,打开超声波发生器,调整超声发生功率(本书在 $0\sim300$ W 的范围内变化),控制水浴温度在室温至 100℃ 范围,待水浴温度稳定后开始滴加尿素溶液,控制反应液的 pH 为 7.5 左右。

(6)经过预定时间的声化学合成后,停止超声发生器,将悬浮液过滤洗涤,先用蒸馏水清洗数遍,然后用无水乙醇清洗数遍,将过滤出来的物料放入真空干燥箱里于 $80\sim100℃$ 下烘干,即得到纳米羟基磷灰石粉体。

(7)将得到的产品进行系列分析测试。

整个工艺流程如图 2-2 所示。

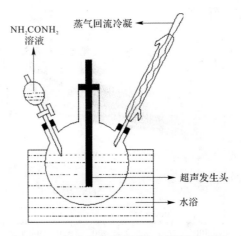

图 2-1 制备纳米羟基磷灰石装置示意图

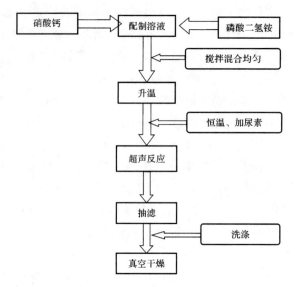

图2-2 声化学法制备纳米羟基磷灰石的工艺流程图

2.1.1 合成羟基磷灰石粉体的 FTIR 和 DTA‐TG 分析

图 2-3 是典型的合成样品的 FTIR 光谱图。从图中可以看出,在波数为 563 cm^{-1} 及 1 000～1 200 cm^{-1} 处的吸收峰归属于 PO_4^{3-} 基团的特征峰;3 570 cm^{-1} 和 631 cm^{-1} 为 OH^- 的伸缩振动峰,在波数为 3 439 cm^{-1} 和 1 632 cm^{-1} 处的吸收峰则是由于声化学反应中的水造成的;需要指出的是,在 1 400～1 500 cm^{-1} 及 873 cm^{-1} 处有较弱的吸收峰,这是由于在溶液中尿素过量形成的,在洗涤过程中未完全清洗干净,其含量很少。由上述分析可见,用声化学法制备的羟基磷灰石粉末中有 PO_4^{3-},OH^- 和 H_2O 以及少量未清洗干净的尿素,其官能团结构与人体骨磷灰石的非常相似,说明所制备的粉体确为羟基磷灰石粉体。这也被后面的 XRD 粉体图所证实。

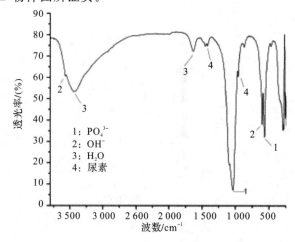

图 2-3 典型的合成样品的 FTIR 谱

图2-4是典型的声化学合成羟基磷灰石粉体的TG-DTA曲线。由图可以看出,采用声化学方法合成的纳米羟基磷灰石在150～200℃附近有一小的吸热峰,表明此时开始脱去吸附水。据相关文献报道,纳米羟基磷灰石在1 230℃时开始少量分解,此时开始脱去羟基,但羟基磷灰石的晶体结构未受很大的影响,直到1 380℃羟基磷灰石粉末才大量分解,羟基磷灰石会转变为α-TCP。从图2-4可以看出,所合成的羟基磷灰石粉体在900℃范围内具有良好的热稳定性,这为其进一步在复合材料中的应用打下了良好的基础。

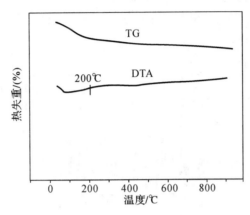

图2-4 典型的声化学合成羟基磷灰石粉体的TG-DTA曲线

2.1.2 前驱液 Ca^{2+} 浓度对羟基磷灰石的影响

图2-5是在不同前驱液 Ca^{2+} 浓度条件下所制备的羟基磷灰石粉体的XRD图谱。从图中可以看出,在声化学合成条件下,随着前驱液 Ca^{2+} 浓度的变化,所制备产品的晶相组成也会发生变化。在所研究的浓度范围内(0.01～0.1 mol/L),固定溶液中 $n(Ca)$: $n(P)$ 为2.0、超声功率为300 W以及反应温度为80℃的实验条件下,经过2 h反应后均可以制备出纳米羟基磷灰石粉体。当增至0.2 mol/L时,产物的物相分析中出现了其他磷酸盐晶相体,这时产物由两相混合而成;进一步增加 Ca^{2+} 浓度,$CaHPO_4$ 的衍射峰逐渐增强。这说明当溶液中 Ca^{2+} 的增加到一定数值后,溶液中将产生其他磷酸盐杂质。进一步研究表明,这种杂质相产生的最低浓度与超声波的功率有关,超声波功率越大,最低的临界浓度也越大。因此,采用声化学合成纳米羟基磷灰石时应根据采用的超声功率适当控制前驱液中 Ca^{2+} 的浓度。

从图2-5中还可以看出,所得到的羟基磷灰石粉体的衍射峰和采用其他方法,如溶胶-凝胶法和共沉淀法等未施加超声波作用的方法所制得的产品相比,其衍射峰出现了明显的宽化特征。这说明所制备的粉体晶粒更为细小,也意味着合成过程当中施加超声辐射有利于合成更加细小的羟基磷灰石颗粒。这个推论也可以从图2-6中得到验证。图2-6为通过Scherrer公式计算得到的所制备纳米羟基磷灰石微晶颗粒尺寸与前驱液中 Ca^{2+} 浓度的关系。可以看出,采用声化学合成的纳米羟基磷灰石粉体的平均粒径为

8.9～38 nm,这大大小于常规湿化学方法所制备羟基磷灰石粉体的平均粒径。一般采用溶胶-凝胶法和共沉淀法制得的羟基磷灰石粉体粒径分别为 2.47 μm 和 38～67 nm。这说明前驱液中 Ca^{2+} 浓度的大小对粉体粒径有较大影响。从图 2-6 可以看出,随着前驱液中 Ca^{2+} 浓度的增加,羟基磷灰石颗粒尺寸逐渐增加。这可能是由于纳米的生长符合一般晶体生长的"成核-长大"理论,最初在溶液中形成无数的细小羟基磷灰石晶核,晶核在超声和温度以及化学反应驱动力的驱使下逐渐长大,当溶液中 Ca^{2+} 浓度较低时,其生长所需的原料不足以使其快速长大,而当溶液中 Ca^{2+} 浓度较高时,其晶体生长的原料能稳定供应,故而晶粒尺寸更大。但是其晶粒的生长还会受到诸多因素的制约,其准确的原因还有待于进一步的深入研究。

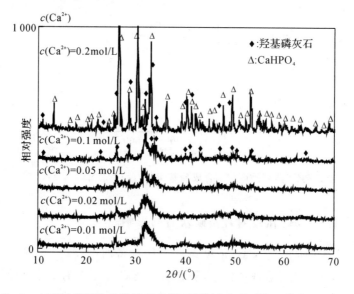

图 2-5　在不同前驱液 Ca^{2+} 浓度条件下所制备羟基磷灰石粉体的 XRD 谱

$n(Ca):n(P)=2.0$, 300 W, 353 K

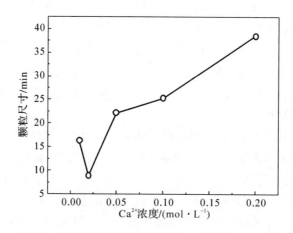

图 2-6　羟基磷灰石颗粒尺寸与 Ca^{2+} 浓度的关系

2.1.3 超声功率对羟基磷灰石的影响

图 2-7 为不同超声功率条件下制得的羟基磷灰石 XRD 图谱。从图中可以看出,当超声功率低于 300 W 时在短时间(2 h)内很难获得单一物相的羟基磷灰石粉体。当超声功率为 100 W 时,所制备粉体的 XRD 图谱中还出现一些如 $Ca_3(PO_4)_2$ 和 $Ca_2P_2O_7$ 等磷酸盐杂质的衍射峰。这表明超声功率对合成羟基磷灰石至关重要,当反应时间确定的情况下,只有当超声功率高于某一临界数值时才能得到单一物相的羟基磷灰石粉体。众所周知,超声辐射会产生空化作用,这种空化作用会产生大量的气泡,空化气泡在水介质环境中形成后会生长和破裂,在生长和破裂的过程中,在 1 μs 时间内可能产生大于 2 000 K 或 500 bar 的瞬时高温高压的极端环境,这种极端环境有可能产生像自由基这样的反应中间体,从而可以激发不同种类化学反应物质的反应活性,导致液相或固相间不同种类反应加速、升级。所以,提高超声功率会使反应速率有所提高,从而有利于单相羟基磷灰石的形成。另外,从图 2-7 中还可以看出,随着超声功率的增加,产物中其他磷酸盐杂质的峰会逐渐减弱,这也证实了这一观点。

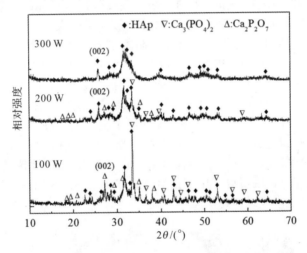

图 2-7 不同超声功率下制备羟基磷灰石的 XRD 图谱

$c(Ca^{2+})=0.02$ mol/L,$n(Ca):n(P)=2.0$, 353 K

图 2-8 是根据 XRD 数据利用 Scherrer 公式计算得到的所合成羟基磷灰石颗粒尺寸与超声波功率的关系。从图中可以看出,随着超声功率的增加,羟基磷灰石晶粒尺寸呈直线下降。这表明在声化学反应过程中对反应液施加超声辐射有助于得到颗粒度更细的羟基磷灰石粒子。根据声化学反应机理,当超声波作用于液体时,液体中微气泡迅速成核、生长、振动,甚至当声压力足够大时,气泡会猛烈崩溃。气泡崩溃时产生高速的微射流、冲击波,同时在极短的时间内,在空化气泡周围的极小空间内产生高达 2 000 K 以上的高温和 500 bar 的高压。这些构成了物质进行化学和物理变化的特殊环境,在加入尿素后,尿素会受到加热分解而放出 NH_3,溶于水而成氨水,中和羟基磷灰石生成所产生的 H^+,促进了羟基磷灰石的生成,由于其功率越大其振动和空化作用越强,促使所生成的羟基磷灰石颗粒的进一步细化,从而导致图 2-8 所观测到的结果。

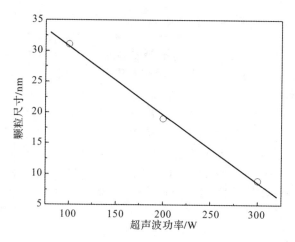

图 2-8 超声功率与合成羟基磷灰石粉体晶粒尺寸的关系图

图 2-9 为在不同超声功率条件下制备纳米羟基磷灰石粉体的透射电镜照片。从图中可以看出,超声功率为 200 W 和 300 W 时分别形成了针状[见图 2-9(a)]和球形颗粒[见图 2-9(b)],这和其他湿化学方法报道所制备出的针状和圆盘形颗粒形态有很大的差异。从 TEM(见图 2-9)照片中发现,针状和球形的纳米羟基磷灰石颗粒尺寸分别大约为 20 nm×100 nm 和 10 nm(直径)。根据 XRD 测试数据,利用 Sherrer 公式计算出针状羟基磷灰石晶体沿(002)晶面的方向上的尺寸大约是 20 nm,也就是说针状晶体的长度尺寸和 TEM 的观测结果(大约为 100 nm)相比小了很多,这可能是由于针状晶粒在长度方向上有部分团聚现象造成的这种误差。然而根据 XRD 数据计算出的球形晶粒的尺寸和 TEM 显微照片的结果差别不大。从图 2-9(b)中发现,球形颗粒晶粒大小比较均匀,团聚颗粒较小。这充分说明可以采用声化学合成方法制备出不同形貌的羟基磷灰石纳米材料,其控制的关键是合成时的超声波功率。

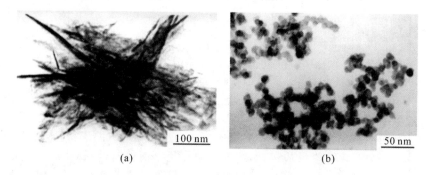

图 2-9 在不同超声功率条件下制备羟基磷灰石粉体的透射电镜照片
(a) 200 W;(b) 300 W;$C(Ca^{2+})=0.02mol/L$,$n(Ca):n(P)=2.0$

2.1.4 $n(Ca):n(P)$ 对羟基磷灰石的影响

图 2-10 为不同前驱液中 $n(Ca):n(P)$ 条件下所制备的纳米羟基磷灰石粉体的 XRD

图谱。从图中可以看出,$n(Ca):n(P)$在 1.2～2.5 的较宽的范围内均能制备出单一物相的纳米羟基磷灰石微晶。这个范围比 Raynaud S 等制备纳米羟基磷灰石的范围(1.5～1.667)要宽很多。这说明在 Ca^{2+} 不足和 Ca^{2+} 过量的情况下均可以获得羟基磷灰石微晶。但是合成的羟基磷灰石微晶可能由于 Ca^{2+} 不足或者 Ca^{2+} 过量而形成一定的结构缺陷,会导致相应的结晶取向的差异。从图 2-10 中还可以发现,当 $n(Ca):n(P)$ 为 1.67 时,产品沿(002)晶面的峰强度最强,这表明晶体有沿(002)晶面优先生长的趋势,这个研究结果和别的研究结果也吻合。在研究不同反应温度对羟基磷灰石合成的影响时也清楚地发现晶体有沿(002)晶面优先生长的现象。但是,当 $n(Ca):n(P)$ 为 1.2 和 $n(Ca):n(P)$ 为 2.0 甚至 2.5 时,所合成的纳米羟基磷灰石粉体在(002)晶面方向的取向性明显较差,特别是 Ca^{2+} 过量的时候这种取向性几乎不能观测到。由此可以得到这样的结论:当前驱液中 $n(Ca):n(P)$ 为 1.67 时,可以制备出结晶程度较高而且沿(002)晶面优先生长的纳米羟基磷灰石微晶;当前驱液中 $n(Ca):n(P)$ 较低时,所制备的纳米羟基磷灰石微晶沿(002)晶面生长趋势减弱;当前驱液中 $n(Ca):n(P)$ 较高时,溶液中富含过量 Ca^{2+},所制备的纳米羟基磷灰石微晶结晶程度很差,衍射峰强度很低,没有表现出取向生长的特征。

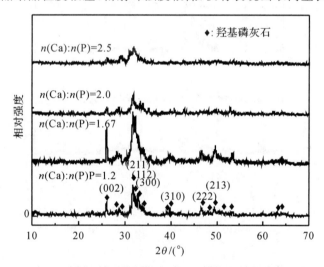

图 2-10 不同前驱液 $n(Ca):n(P)$ 下制备粉体的 XRD 图谱
$c(Ca^{2+})=0.01$ mol/L, 35 kHz, 353 K

2.1.5 反应温度对羟基磷灰石的影响

图 2-11 为不同反应温度下所制备粉体的 XRD 图谱,图中显示了不同反应温度对合成羟基磷灰石粉体晶相结构的影响。从图中可以清楚地发现,提高反应温度,沿(002)晶面的衍射峰强度逐渐下降。由此可以推断,针状或棒状的羟基磷灰石晶体可能在更低的温度下形成。温度太高时容易沿(002)晶面方向取向生长而有可能成为针状或者棒状微晶。另外,在实验中还发现,如果实验温度控制在 20℃(293 K),将反应时间延长至 3 h,也可以制备出少量羟基磷灰石粉体。这说明在超声波的作用下和室温下也可以合成纳米羟基磷灰石微晶。以上研究结果和 Pang Y. X. 及 Bao X. 的研究结果有所不同,他们认

为反应温度为 288 K 时可以制备出羟基磷灰石粉体,且随着反应温度的提高,羟基磷灰石衍射峰的衍射强度和颗粒尺寸均增加。与之相比较,在本书的研究中,随着反应温度的提高,羟基磷灰石衍射峰出现了明显的宽化特征(如图 2-11 所示),而合成的羟基磷灰石的晶粒尺寸也会逐渐下降。图 2-12 为反应温度与合成羟基磷灰石粉体颗粒尺寸的关系。从图中可以看出,在声化学合成纳米羟基磷灰石的反应过程中,随反应温度的提高,合成的纳米羟基磷灰石微晶颗粒尺寸逐渐降低,这与上面的分析结果是完全吻合的。这也不同于一般的湿化学合成结果。在一般的湿化学合成过程中,温度的升高有利于离子的扩散和迁移,同时能降低晶粒的成核和生长势垒,有利于晶粒的长大。而采用声化学合成时,由于整个反应体系处于一个比较极端的物理化学环境之下,晶粒的生长过程受到了超声波振荡的限制和抑制,同时局部的高温会使得一部分晶粒表面溶解形成球形的颗粒,很难沿晶面择优长大。这时,溶液温度越高则可能增强了超声在溶液中的空化作用,使得颗粒难以长大,导致其晶粒尺寸随温度的增长而降低的现象。

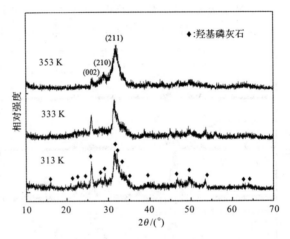

图 2-11　不同反应温度下制备粉体的 XRD 图谱

$n(Ca):n(P)=2.0, c(Ca^{2+})=0.02 \, mol/L, 35 \, kHz$

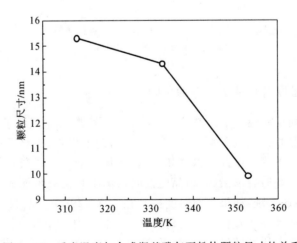

图 2-12　反应温度与合成羟基磷灰石粉体颗粒尺寸的关系

2.2 声化学合成纳米羟基磷灰石粉体的机理研究

声化学合成纳米羟基磷灰石工艺简单、可控,仪器设备价格低廉,要求不高,且纳米材料的形貌以及羟基磷灰石的质量分数可依据使用要求而通过控制工艺参数的变化来获得。因此,声化学合成纳米材料也是目前人们关注的热点技术之一。部分研究学者用声化学合成工艺来制备其他纳米材料,并提出了一些改进方案,对其制备纳米材料的机理研究目前还较少,关于声化学合成纳米羟基磷灰石的作用机理更未见报道。目前,人们对声化学的合成机理的认识方面,仅原理性论述研究较多,关于动力学的报道还未见。由于声化学合成无机材料时其工艺的调节范围会受到材料本身合成活化能的限制,对于其他方面的机理,如热力学、动力学方面,认识仍相当匮乏。

声化学合成工艺是一种将超声场施加于均匀沉淀过程的技术,尽管该方法引入了附加的声化学效应,然而它本质上仍是晶体的成核生长理论。在第1章中,我们系统地研究了工艺因素对羟基磷灰石的晶相组成结构以及颗粒尺寸和显微结构的影响,从工艺实践上得出了其可以制备出纳米羟基磷灰石的结论。根据结晶学理论可知,微晶的组成和结构不仅受到工艺因素影响,还与生长动力学过程息息相关,因而要了解在超声场下羟基磷灰石的形成机理,有必要研究它们的生长动力学规律。通过化学动力学的研究,可以知道如何控制反应条件,提高主反应的速率,以增加产品的产量;可以知道如何抑制或减慢副反应的速率,以减少原料的消耗,减轻分离操作的负担,并提高产品的质量。本节我们拟从动力学角度出发,通过系统的实验设计,并借助 XRD 定量分析技术,研究在不同温度、超声波功率和生长时间的条件下纳米羟基磷灰石的形成速率,通过构建超声波功率、温度与反应速率的关系,解释声化学合成纳米羟基磷灰石的合成机理。

目前,实验室中研究声化学用的超声波,其波长在 0.01~10 cm 范围内,远大于分子尺寸,其自身并不能直接作用于分子,它主要通过在液体传播过程中空化产生的能量,对分子周围的物理、化学环境进行作用,进而影响化学反应的热力学、动力学过程或引发新的化学反应,如果耦合温度场后,声作用下的化学反应历程将更加复杂。因此,在研究声化学反应沉积机理时,有必要仔细观察和分析实验现象,抓住对化学反应起主要作用的矛盾,简化相应的实验过程,认识它的本质作用和相应规律,使化学反应向有利于实验和生产的目的进行。

本节我们还将对声场中羟基磷灰石的反应过程进行描述,通过精心的实验设计,建立相关的反应过程物理和化学反应动力学方程,设计实验并进行验证,同时深入研究超声波在声化学合成过程中的作用机理。

2.2.1 羟基磷灰石的形成机理

声化学合成纳米羟基磷灰石的工艺是在共沉淀的基础上施加了超声辐射,因此,为了搞清楚声化学合成过程,有必要先考虑其共沉淀过程。在以往研究学者的研究基础上,分析羟基磷灰石的反应过程,笔者认为,在溶液中形成羟基磷灰石的过程可能包含以下几种化学反应。

首先,超声作用下将尿素加入溶液中之后,溶液中存在着下列的反应或反应平衡。

$$CO(NH_2)_2 + H_2O = 2NH_3 + CO_2 \qquad (2-1)$$

$$NH_3 + H_2O = NH_4^+ + OH^- \qquad (2-2)$$

在超声作用过程当中,超声辐射下尿素水解产生的 CO_2 气体会迅速溢出,这会导致溶液体系的 pH 升高,当其 pH 达到一定数值后则满足羟基磷灰石的形成化学条件,从而导致下列反应的发生,生成了羟基磷灰石的微晶或者晶核。

$$10Ca^{2+} + 6H_2PO_4^- + 14OH^- \xrightarrow{\text{超声波}} Ca_{10}(PO_4)_6(OH)_2 + 12H_2O \qquad (2-3)$$

由此可见,式(2-2)中所导致的 OH^- 离子的形成对式(2-3)的进程至关重要。所以,为了能够获得数量足够的羟基磷灰石的微晶或者晶核,就需要尿素的不断加入,这对获得羟基磷灰石粒子很重要。此外,所形成的晶核也需要进一步的长大,也许要不停的有新的 OH^- 产生。实验中发现,在制备过程中控制滴加尿素溶液的速率,可以将溶液的 pH 稳定在 7.4 左右,从而获得纳米粒径的羟基磷灰石微晶。

由于在整个反应过程中,尿素的水解在整个体系中是一个均匀化学反应的过程。因此,在整个体系中羟基磷灰石的形成也是一个均匀化学反应的过程,这在本质上保证了羟基磷灰石颗粒大小的均匀性。

此外,满足了式(2-3)的化学环境还不能确保式(2-3)就一定能够发生。羟基磷灰石微晶的析出,还需要克服其形成的活化能。这时,超声辐射的施加,会在溶液体系中形成一个超声空化的特殊环境,会产生局部的瞬时高温高压。这种特殊的物理环境提供了羟基磷灰石微晶析出所需要克服的活化能,使得羟基磷灰石能够顺利在液相状态下合成出来。在整个反应过程中,超声波起到了如下作用:

(1)为羟基磷灰石的合成提供了能量,加速了晶核的生成速率;

(2)在溶液中施加了振荡,起到了搅拌的作用,形成了均匀的反应体系;

(3)强烈的空化作用使得颗粒的生长比较困难,抑制了羟基磷灰石晶核的进一步长大,有利于形成更为细小的纳米颗粒。

2.2.2 反应速率的测定

为了能够搞清纳米羟基磷灰石的形成动力学,对反应速率进行研究是十分必要的。为了测量声化学合成过程纳米羟基磷灰石的形成速率,我们按照如下思路设计了实验。

在第 2.1 节的研究基础上,控制前驱液中 Ca^{2+} 浓度、$n(Ca):n(P)$、超声波作用功率三个因素不变,研究反应温度从室温到 100℃、反应时间从 1~6 h 变化情况下合成粉体中羟基磷灰石晶相的质量分数变化情况。羟基磷灰石晶相的质量分数则采用 XRD 的定量分析方法测定。

通过上述实验可以测量出不同温度下制备羟基磷灰石的反应速率。

2.2.3 超声波作用机理实验设计

超声波在合成纳米羟基磷灰石的过程中起到了非常重要的作用,为了搞清楚超声波在合成纳米羟基磷灰石过程中的重要作用,我们按照如下思路设计了实验。

控制前驱液中 Ca^{2+} 浓度、$n(Ca):n(P)$ 两个因素不变的情况下,研究一定超声功率下反应温度从室温到 100℃、反应时间从 1～6 h 变化情况下合成粉体中羟基磷灰石晶相的质量分数变化情况。通过 Arrhenius 关系可以计算出一定超声功率下纳米羟基磷灰石的合成活化能,从而比较不同超声波功率对羟基磷灰石合成活化能的影响规律。

2.2.4 纳米羟基磷灰石的形成动力学分析

一般的化学反应,其反应速率符合 Arrhenius 方程,其反应速率和反应速率常数分别为

$$x = \frac{dc}{dt} = KC^n \tag{2-4}$$

$$K = Ae^{(\frac{-E}{RT})} \tag{2-5}$$

式(2-4)和式(2-5)中:

x ——反应速率;

c ——羟基磷灰石的浓度;

C ——羟基磷灰石的质量分数;

t ——反应时间;

K ——速率常数;

n ——反应级数;

E ——反应活化能;

T ——反应温度;

R 和 A——常数。

经过一段时间的反应后,假设有羟基磷灰石形成,则可以得

$$\frac{dx}{dt} = K'(1-x)^n \tag{2-6}$$

$$K' = A'e^{(\frac{-E}{RT})} \tag{2-7}$$

在不同的超声波作用功率下,通过不同的反应时间后,可以通过定量的 XRD 分析测试出羟基磷灰石的质量分数。图 2-13、图 2-14 和图 2-15 分别是在超声功率为 100 W,200 W 和 300 W 条件下合成粉体中羟基磷灰石的质量分数与反应温度和反应时间的关系。由图中可以看出,在功率一定的情况下,合成粉体的羟基磷灰石的质量分数随反应时间的延长几乎呈现相似的变化规律,其均随时间呈现直线增长的趋势。在时间和功率相同的情况下,反应温度越高则合成产物中羟基磷灰石的质量分数越高。在其他因素一定的情况下,功率越高则合成产物中羟基磷灰石的质量分数也越高,但是其变化规律并不像时间对质量分数的影响一样呈现直线变化,而是呈现一种非线性的变化规律。

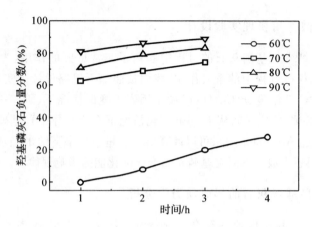

图 2-13 超声功率为 100 W 时不同温度下羟基磷灰石的质量分数与反应时间的关系

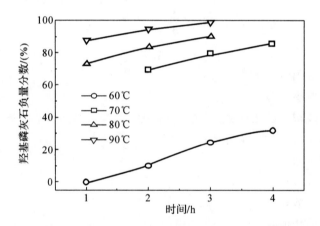

图 2-14 超声功率为 200 W 时不同温度下羟基磷灰石的质量分数与反应时间的关系

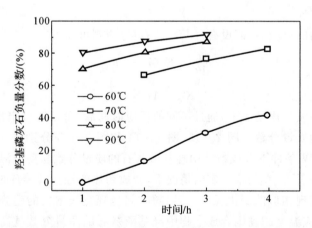

图 2-15 超声功率为 300 W 时不同温度下羟基磷灰石的质量分数与反应时间的关系

通过对式(2-6)两边取自然对数,可以得到

$$\ln\frac{\mathrm{d}x}{\mathrm{d}t} = n\ln(1-x) + B \qquad (2-8)$$

通过式(2-8)我们知道,$\ln(\mathrm{d}x/\mathrm{d}t)$ 与 $\ln(1-x)$ 是直线变化关系,通过对 $\ln(\mathrm{d}x/\mathrm{d}t)$ 与 $\ln(1-x)$ 作图(见图2-16),其斜率就是反应级数 n。图2-16是在200 W超声功率下 $\ln(\mathrm{d}x/\mathrm{d}t)$ 和 $\ln(1-x)$ 的关系图,根据直线的斜率可以计算出反应的级数(见表2-1)。从表2-1中可以发现,在超声功率为100～300 W的范围内,声化学合成纳米羟基磷灰石的反应级数均为1,说明该反应属于一级反应。

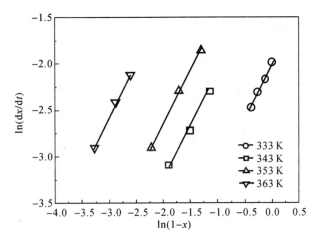

图2-16 超声功率为200 W时 $\ln(\mathrm{d}x/\mathrm{d}t)$ 和 $\ln(1-x)$ 的关系

表2-1 计算得到的不同超声功率下的反应级数 n

温度/℃	反应级数 n		
	超声功率为100W	超声功率为200W	超声功率为300W
60	1.060	1.102	1.056
70	1.012	0.982	1.023
80	1.108	1.003	0.988
90	0.994	0.997	0.991
反应级数 n	1	1	1

将 $n=1$ 代入式(2-6)中,可以得到

$$\frac{\mathrm{d}x}{\mathrm{d}t} = K'(1-x) \qquad (2-9)$$

通过对 $\mathrm{d}x/\mathrm{d}t$ 和 $(1-x)$ 作图,可以得到直线关系,通过计算斜率可以计算出 K' 的大小。图2-17是超声功率为200 W时 $\mathrm{d}x/\mathrm{d}t$ 和 $(1-x)$ 关系,可以发现其很好的复合线性关系,这说明上述推理完全正确,与实验结果完全吻合,同时对羟基磷灰石的定量分析结果是非常准确的。通过对 $\mathrm{d}x/\mathrm{d}t$ 和 $(1-x)$ 图的斜率计算,可以得到 K' 的数值,见表2-2。K' 的数值则为纳米羟基磷灰石的合成速率,由此可见,随合成温度的增加,纳米羟基磷灰

石的合成速率增加。同时，从表2－2中还可以知道，随超声功率的增加，纳米羟基磷灰石的合成速率也是增加的。

表2－2　计算得到的K'值

温度/℃	K'		
	超声功率为100W	超声功率为200W	超声功率为300W
60	0.154	0.161	0.202
70	0.286	0.325	0.369
80	0.608	0.603	0.587
90	0.976	0.975	0.926

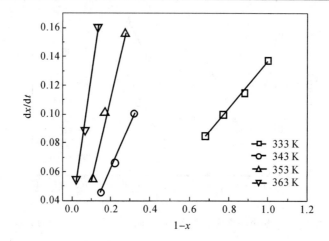

图2－17　超声功率为200 W时$\mathrm{d}x/\mathrm{d}t$与（1－x）之间的关系

对式（2－7）两边取对数，可以得到

$$\ln K' = -\frac{E}{RT} + \ln A' \qquad (2-10)$$

根据式（2－10）可以知道，用$\ln K'$对$1/T$作图，可以得到一条直线，直线的斜率就是E/R，从而可以计算出声化学合成纳米羟基磷灰石的合成活化能。图2－18是在超声波功率为100 W时得到的$\ln K'$对$1/T$的关系图，由图可以得到一条直线，经过计算机拟合后得到

$$\ln K' = -7.61\frac{1}{T} + 20.98 \qquad (2-11)$$

由式（2－11）可知，当超声功率为100 W时，E/R为7.61，计算得到反应活化能为63.2kJ/mol。同理，当超声波功率分别为200 W和300 W时，用$\ln K'$对$1/T$作图，将可以得到图2－19和图2－20。经过拟合，得

$$\ln K' = -7.21\frac{1}{T} + 19.86 \qquad (2-12)$$

$$\ln K' = -5.79\frac{1}{T} + 15.69 \qquad (2-13)$$

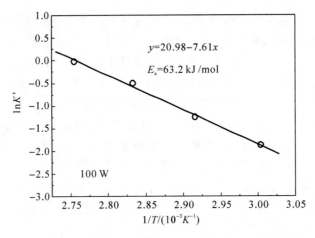

图 2-18 超声功率为 100 W 时 $\ln K'$ 与 $1/T$ 之间的关系

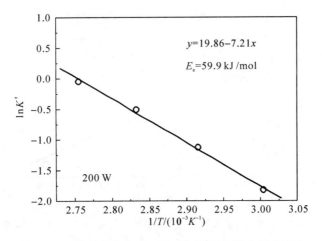

图 2-19 超声功率为 200 W 时 $\ln K'$ 与 $1/T$ 之间的关系

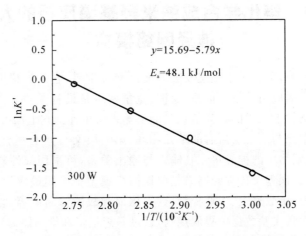

图 2-20 超声功率为 300 W 时 $\ln K'$ 与 $1/T$ 之间的关系

通过计算,在超声功率为 200 W 和 300 W 时所制备纳米羟基磷灰石的活化能分别为 59.9 kJ/mol 和 48.1 kJ/mol。

通过对不同超声功率下合成活化能的变化情况作图,可以得到图 2-21。由图 2-21 可知,声化学合成纳米羟基磷灰石的合成活化能随超声功率的增加呈现直线降低的趋势,其线性相关性为 0.9513。这说明超声功率对合成纳米羟基磷灰石有着非常重要的作用。超声波会在反应介质中产生空化作用,这种作用会产生微气泡,并伴随着其生长和破裂的过程,在此过程中,会在局部地方产生非常高的温度和压力,甚至达到了超过 2 000 K 的温度和超过 500 bar 的压力,这为式(2-3)的反应提供了能量,也会导致纳米羟基磷灰石晶核的迅速产生。超声功率越大,其提供给式(2-3)的反应的能量就越大,从而降低了反应的活化能。因此,增加超声功率将会导致纳米羟基磷灰石的合成速率的增加的实验结果也证实了这一点。

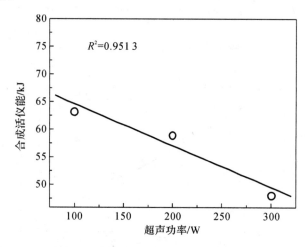

图 2-21 纳米羟基磷灰石的合成活化能随超声功率的变化关系

2.3 声化学合成纳米羟基磷灰石的人工神经网络模拟

人工神经网络是目前国际上迅速发展的前沿交叉学科,它是模拟生物神经结构的计算机系统,具有广泛的应用前景。前馈、反馈、竞争网络是最基本的三类人工神经网络模型,其中前馈网络结构上采用的是其信息只能从输入层单元到它上面一层的单元,结构是分层的,第一层的单元与第二层所有的单元相联,第二层又与其上一层所有的单元相联,如此类推。在前馈网络中的神经单元其输入与输出关系,可采用线性阈值硬变换或单调上升的非线性变换。误差反传神经网络是前馈网络模型中应用最广泛的一种,应用领域涉及模式识别、分类、函数逼近、工业控制、数据压缩和故障诊断等等,它具有一定的联想容错能力,可以从大量实验数据中提取规则,通过联想记忆和推广能力建立某领域的专家知识库,这对于解决各领域复杂的非线性问题有着广泛的应用前景。利用人工神经网络对材料制备工艺的计算机模拟,可以实现对材料制备工艺的有效控制和智能化,更好、更全面地分析工艺因素对材料性能的影响规律,找出主要矛盾所在,更好的指导工艺研究,制定合理的工艺参数,同时能够对材料性能进行准确预测。本章主要介绍采用 BP 网络对声化学合成纳米羟基磷灰石的工艺进行人工神经网络模拟。

2.3.1 人工神经网络研究和应用现状

人工神经网络(Artificial Neural Network,ANN)是采用物理可实现的器件或采用计算机来模拟生物体中神经网络的某些结构与功能。其着眼点不是完整地复制生物体中神经细胞网络,而是采用其可用部分克服其他系统不能解决的问题。随着人工神经网络技术应用的推广,其众多优点已被人们熟知。当前人工神经网络的研究主要围绕网络的基本特性和结构,网络的工程应用以及它的硬件实现等方面进行。通过几年来学术界和工程界广泛和深入研究探索,已经建立起数十种网络结构,并且人工神经网络的非线性映照、学习分类和实时优化等基本特性已成为一种重要的信息处理方法普遍应用于各种工程和学科的研究领域。

神经网络诞生半个多世纪以来,经历了以下 5 个阶段:

(1)奠基阶段 :早在 20 世纪 40 年代初神经解剖学、神经生物学、心理学以及人脑电生理的研究等都富有成果。其中 Meculloch 与 Pitts 合作,从人脑信息处理观点出发,提出第一个神经计算模型,即神经元的阈值元件模型,简称"MP 模型",从而开创了神经网络的研究。1949 年神经生物学家 Hebb 的论著 *The Organization of Behavior* 对大脑神经细胞、学习与条件反射作了大胆的假设,称为 Hebb 规则,他给出了突触调节的模型,描述了分布记忆,后来被称为"关联论"(Connection)。在此基础上后来的研究学者做了进一步的变形和扩充。20 世纪 50 年代初,神经网络理论具备了初步模拟实验的条件。

(2)第一次高潮:1958 年计算机科学家 Rosenblatt 基于 MP 模型增强了学习机制,推广了 MP 模型,并提出了感知器模型,首次把神经网络理论付诸工程实现,掀起了许多学者对神经网络研究的兴趣,神经网络形成了首次高潮。

(3)坚持阶段:20 世纪 60 年代中后期,Minsky 在数学上进行分析,证明了感知器不能实现 XOR 逻辑函数问题,也不能实现其他的谓词函数,1969 年他和 Papert 出版了一本论著 Percertrons,对当时与感知器有关的研究及其发展产生了很坏的影响,导致许多国家停止或放慢了对神经网络的研究,神经网络的研究进入了僵持阶段。

(4)第二次高潮阶段:1982 年生物物理学家 Hopfield 提出了全连接网络,后来称之为Hopfield 网络。Hopfield 对这种模型以电子电路来实现,研究取得了重大的突破,对神经网络理论的发展产生了深远的影响,从此拉开了第二次高潮的序幕。这阶段Rumelhart 提出了多层网络 Back - Propagation 法或称 Error Propagation 法,这就是后来著名的算法 BP 算法,受到许多学者的重视。

(5)IJCNN91 的大会主席 Rumelhart 提出神经网络的发展已经到了一个转折时期,其应用领域几乎包括了各个方面。20 世纪 90 年代初对神经网络发展产生很大影响的是诺贝尔奖获得者 Edelman 提出的 Darwinism 模型。神经网络的光学方法,能充分发挥光的强大互连能力和并行处理能力,提高神经网络实现的规模,从而加强网络的自适应功能和学习功能,因此近来引起不少学者重视。20 世纪 90 年代以来,人们较多地关注非线性系统的控制问题,通过神经网络来解决这类问题,已取得了突出的成果,它是一个重要的研究领域。

我国学术界大约在 20 世纪 80 年代中期开始关注神经网络领域,如中科院生物物理研究所科学家汪云九、姚国正和齐翔林等。由于 BP 算法具有结构简单、易于实现的优点,得到了更多的关注。戚德虎、伍春香等对隐层单元的节点数、初始权值、学习率等参数的选择进行了探讨,并结合实例得出了一些有用的规则。张铖等提出一种网络构造新方法;周凤岐等设计了一种自动调节网络规模的前向神经网络。在算法研究方面,传统的 BP 算法收敛速度较慢,容易陷入局部极小,一些研究学者研究了学习率、动态因子及学习速率的关系,同时将一些新的优化方法引入算法中,大大加快了算法收敛速率。

人工神经网络在许多方面已得到了应用,研究已涉及模式识别、故障诊断、机器人、人工智能、自动控制,机械工程、材料科学等领域。齐乐华、侯俊杰等利用 BP 网络,建立了基于神经网络的液态挤压成型管、棒材工艺参数知识库。徐志淮采用 BP 网络,对碳/碳复合材料 CVD - SiC 涂层工艺专家系统进行了研究。

人工神经网络的主要特点如下:

(1)信息处理的并行性。人工神经网络的计算功能分布在多个神经处理单元中,从而可大大提高信息处理和运算速率。

(2)很强的容错性。网络中局部的或部分神经单元的损坏不会影响网络的整体功能。

(3)分布式的存储方式。知识在神经网络中不是存储在特定存储单元中,而是分布存储于整个系统中。

(4)良好的自学习、自适应、联想等功能。这些功能使神经网络可以适应系统复杂多变的动态特性。

(5)高度非线性。可以实现多变量之间的各种非线性映射。

2.3.2 BP 网络结构与数学描述

前馈式网络中神经元是分层排列的,每个神经元只与前一层的神经元相连,如图 2 - 22 所示。最左一层为输入层,最右一层为输出层,还有中间层,中间层也称为隐层,隐层的层数可以是一层或多层。当采用非线性变换单元组成前馈网络时,由于传递函数 $f(u_i)$ 是连续可导的,它可以严格利用梯度法进行推算,它的权的学习解析式十分明确,它的学习算法称为反向传输算法(Back - Propagation),简称"BP 算法",这种网络也称为 BP 网络。

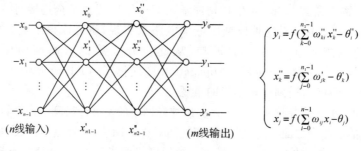

$$\begin{cases} y_i = f(\sum_{k=0}^{n_2-1} \omega_{ki}'' x_k'' - \theta_i'') \\ x_k'' = f(\sum_{j=0}^{n_1-1} \omega_{jk}' x_j' - \theta_k') \\ x_j' = f(\sum_{i=0}^{n-1} \omega_{ij} x_i - \theta_j) \end{cases}$$

图 2 - 22　多层 BP 网络

多层 BP 网络的结构如图 2-22 所示,输入矢量为 $x \in R_n$;$\boldsymbol{x} = (x_0, x_1, \cdots, x_n)^T$;第二层有 n_1 个神经元 $x' \in R_{n_1}$,$\boldsymbol{x}' = (x_0', x_1', \cdots, x_n')^T$;第三层为 n_2 个神经元 $x'' \in R_{n_2}$;$\boldsymbol{x}'' = (x_0'', x_1'', \cdots, x_n'')^T$,最后输出神经元 $y \in R_m$ 有 m 个神经元,$\boldsymbol{y} = (y_0, y_1, \cdots, y_m)^T$。如输入于第二层之间的权为 ω_{ij},阈值为 θ_j,第二层与第三层之间的权为 ω_{jk}',阈值为 θ_k',第三层与最后一层的权为 ω_{kl}'',阈值为 θ_l'',则各层神经元的输出满足:

$F(u)$ 中的 u 是各层输出加权求和的值。可见 BP 网络是完成 n 维空间向量对 m 维空间的近似映照。

若近似映照函数为 F,x 为 n 维空间的有界子集,$F(x)$ 为 m 维空间的有界子集,$y = F(x)$ 可写为

$$F: X \subset R^n \rightarrow Y \subset R^m \tag{2-15}$$

通过 P 个实际的映照对 $(x^1, y^1), \cdots, (x^P, y^P)$ 的训练,其训练的目的是得到神经元之间的连接权 $\omega_{ij}, \omega_{jk}', \omega_{kl}''$ 和阈值 $\theta_j, \theta_k', \theta_l''$($i = 0,1,2,\cdots,n-1$;$j = 0,1,2,\cdots,n_1-1$;$k = 0,1,2,\cdots,n_2-1$;$l = 0,1,2,\cdots,m-1$),使其映照获得成功。训练后得到的连接权,对其他不属于 $P_1 = 1,2,\cdots,P$ 的 x 子集进行测试,其结果仍能满足正确映照。

如果输入第 P_1 个样本对 (x^{P_1}, y^{P_1}),通过一定方式训练后得到一组权 W^{P_1}。W^{P_1} 包括网络中所有的权和阈值,此时 W^{P_1} 的解不是唯一的,而是在权空间中的一个范围,也可为几个范围。

$$y^{P_1} = F(x^{P_1}, W^{P_1}) \tag{2-16}$$

对于所有的学习样本 $P_1 = 1,2,\cdots$,各自的解为 $W^1, W^2, \cdots, W^P$,通过对样本集的学习,得到满足所有样本正确映照的解为:

P 都可以满足以下条件:

$$W = \bigcap_{P_1}^{P} W^{P_1} \tag{2-17}$$

学习的过程就是求解 W 的过程,因为学习不一定要求很精确,所以得到的是一种近似解。这种解 W 是通过学习而得到的。假设(2-16)是个线性方程,而且要求的未知数 W 和样本数相同,如同为 nP,则可以直接用线性代数的方法解出这些未知数 W。可是这种解没有一点容错性,即在测试样本输入时,它很难联想到应该对应的输出。幸好这里的 $F(.)$ 不是一个线性函数,而是一个非常复杂的非线性关系,而且 W 的维数和样本数不相同,因而 W 不是唯一解,而是有一定的容错范围。这使 BP 网络比一般的线性阈值单元的网络有更大的灵活性。

2.3.3 经典 BP 学习算法及其改进

BP 算法属于 δ 学习律,是一种有教师的学习算法,输入学习样本为 P 个,$x^1, x^2, \cdots, x^P$,已知与其对应的教师为 $t^1, t^2, \cdots, t^P$,学习算法是将实际的输出值 $y^1, y^2, \cdots, y^P$ 与 $t^1, t^2, \cdots, t^P$ 的误差来修改其联接权和阈值,使 y^{P_1} 与要求的 t^{P_1} 尽可能的接近。

为了方便,把阈值写入到连结权中,令:$\theta_l'' = \omega_{n2l}''$;$\theta_k' = \omega_{n1k}'$;$\theta_j = \omega_{nj}$;$x_{n_2} = -1$;$x_{n_1} = -1$;$x_n = -1$;第 P_1 个样本输入网络,得到输出 $y_l, l = 0,1,\cdots,m-1$,其误差为各输出单元之和,满足下列关系:

$$E_{P_1} = \frac{1}{2} \sum_{l=0}^{m-1} (t_l^{P_1} - y_l^{P_1})^2 \tag{2-5}$$

对于 P 个学习样本，其总误差为

$$E_{总} = \frac{1}{2} \sum_{P_1=1}^{P} \sum_{l=0}^{m-1} (t_l^{P_1} - y_l^{P_1})^2 \tag{2-6}$$

设 ω_{sq} 为图 2-22 网络中任意两个神经元之间的连结权，阈值也包括在 ω_{sq} 内，$E_{总}$ 为一个与 ω_{sq} 有关的非线性误差函数。令

$$\varepsilon = \frac{1}{2} \sum_{l=0}^{m=1} (t_l^{P_1} - y_l^{P_1})^2 = E_{P_1} \tag{2-7}$$

$$E_{总} = \sum_{P_1=1}^{P} \varepsilon(W, t^{P_1}, x^{P_1}) \tag{2-8}$$

$$\boldsymbol{W} = (\omega_{11}, \cdots, \omega_{sq}, \cdots, \omega)^{\mathrm{T}} \tag{2-9}$$

采用梯度法，对每个 ω_{sq} 元的修正值有

$$\Delta\omega_{sq} = -\sum_{P_1=1}^{P} \eta \frac{\partial\sigma}{\partial\omega}$$

其中 η 为步长。

$$\Delta E_{总} = + \sum_{P_1=1}^{P} \sum_{sq} \frac{\partial\sigma}{\partial\omega} \Delta\omega_{sq} = -\eta \sum_{P_1=1}^{P} \sum_{sq} (\frac{\partial\sigma}{\partial\omega})^2 \leqslant 0 \tag{2-10}$$

这里用梯度法可以使总的误差向减小的方向变化，直到 $\Delta E_{总} = 0$ 为止，这种学习方式其 W 能够稳定到一个解，但并不保证是 $E_{总}$ 的全局最小解。

经典的误差反向传播算法是早先应用中使用最多的多层前向神经网络的训练算法，如上一节所阐述，其理论依据坚实，推导过程严谨，物理概念清晰，通用性强，经过训练的BP 网络具有很强的泛化（generalization）功能，由于这些优点，BP 算法至今仍是多层前向神经网络的主要训练算法。但是人们在使用中发现经典的 BP 算法存在很多缺点，实际应用中其很难胜任，这主要表现为：

（1）误差 $E_{总}$ 是一个具有极其复杂形状的表面，存在很多局部极小点，在某些初始值的条件下，经典算法的实质是一种最速下降（负梯度方向）静态寻优算法，其对误差曲面的局部细节非常敏感，所以当收敛到这些局部极小点时，无论经过多长时间，学习很难达到所要求精度的解上，程序运行时就表现为收敛速率慢或者算法不收敛。

（2）由于神经元的传递函数 $f(\cdot)$ 通常选为饱和非线性函数，例如传递函数为 logsigmoid 时神经元的输出就很容易接近 0 或者 1，故而误差曲面存在很多平坦区，在平坦区内误差改变很小，经典算法的学习率（步长）选择不当，其很难快速有效地退出这些平坦区，程序运行时同样表现为收敛速率慢或者不收敛。

（3）难以确定隐层和隐节点的个数，对网络的结构和规模很难进行有效地调整。

因此，为了改进经典的 BP 算法，研究学者提出了许多改进方法，例如变步长 BP 算法，BP 算法是在最速下降法的基础上推算出来的，在一般的最优算法中步长 η 应当由一维搜索求得的，但是在 BP 算法中由于误差曲面的复杂性，所以如果每一步都通过一维寻优来计算 η，然后依次计算输出 y，就会使计算量变的很大，所以一维寻优是不现实的，在经典的 BP 算法中步长是不变的。然而由于误差曲面上存在着很多平坦区和陡变区，所以定步长显然又是不够合理的。考虑到如上两个方面，可以在程序开始实现设一初始步长，如一次迭代后误差函数 E 增大，则将步长乘以小于 1 的常数 β 沿原方向计算下一个迭

代点,如一次迭代后误差函数 E 减小,则将步长乘以一个大于 1 的常数 α,这样既不增加太多的计算量又使得步长得到了较为合理的调整。

此外,还有动量 BP 算法等。但是这些改进的算法属于一阶算法,其缺点是在极值点附近收敛速率慢,然而目标函数在极值点附近往往可以用一个二次函数来逼近。因此,在极值点附近采用二阶算法,如牛顿法、共轭梯度法等将有较快的收敛速率。

众所周知,直接采用经典的牛顿算法,计算目标函数对连结权的二阶偏导数矩阵(即 Hessian 矩阵)很麻烦,而且很多情况下计算所得的 Hessian 矩阵不是正定的。牛顿方向可能指向的是局部极大点,或是某个鞍点,而不是所希望的极小点。即使 Hessian 矩阵是正定的,二次近似也可能不能令人满意。

如何使牛顿算法实用化,是各种改进的牛顿算法的关键。一种修正方案的思想是:用某个不包含二阶导数的矩阵来近似牛顿法的 Hessian 矩阵,使计算量得以减少,不同的近似方法有不同的算法,其中最有名的是 DFP 法。其基本思想是:采用递推的方法来近似 Hessian 矩阵的逆 H^{-1}。另一种修正方案是:只需计算一阶导数的线性化思想,其中最有名的是高斯-牛顿法以及高斯-牛顿法的更进一步修正——Levenberg - Marquardt 法。高斯-牛顿法基本思想是:首先使用泰勒级数展开来获得与原始非线性模型近似的线性模型,随后采用最小二乘法估计模型的参数。其表达式为

$$\omega(n_0 + 1) = \omega(n_0) - (\boldsymbol{J}^{\mathrm{T}}\boldsymbol{J})^{-1}\boldsymbol{J}^{\mathrm{T}}r =$$
$$\omega(n_0) - \frac{1}{2}(\boldsymbol{J}^{\mathrm{T}}\boldsymbol{J})^{-1}g \qquad (2-11)$$

其中,$\boldsymbol{J}$ 为误差对权值微分的 Jacobian 矩阵,$G = \boldsymbol{J}^{\mathrm{T}}\boldsymbol{J}$,除非 $\boldsymbol{J}$ 非满秩,否则 $\boldsymbol{J}$ 是正定的。显然高斯-牛顿法比牛顿法优越之处在于它只需要一阶导数。然而计算高斯-牛顿法式中的 $(\boldsymbol{J}^{\mathrm{T}}\boldsymbol{J})^{-1}$ 时,对于某个特定的 $\boldsymbol{J}$,可能不是数值稳定的,于是出现了很多高斯-牛顿修正算法,其中 Levenberg - Marquardt 修正是通过将式(2-11)改变为

$$\omega(n_0 + 1) = \omega(n_0) - (\boldsymbol{J}^{\mathrm{T}} - \boldsymbol{J} + \lambda \boldsymbol{I})^{-1}g_h \qquad (2-12)$$

其中,$g_h \equiv g/2$,g 是误差函数 E 对权值向量 w 的梯度;$\boldsymbol{J}$ 为误差函数对权值向量微分的 Jacobian 矩阵;$\boldsymbol{I}$ 为单位矩阵,λ 为某个非负数,可以很好地处理病态矩阵 $\boldsymbol{J}^{\mathrm{T}}\boldsymbol{J}$。该修正方法依赖于 λ 的幅值的改变,光滑地在两种极端之间变化:即二阶的高斯-牛顿法($\lambda \rightarrow 0$)和经典的梯度法($\lambda \rightarrow \infty$),充分发挥了两种方法的优势。如图 2-23 所示。

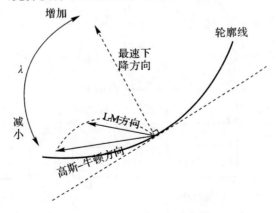

图 2-23 迭代方向示意图

目前,基于高斯-牛顿法的 Levenberg - Marquardt 方法在实际中稳定性效果很好,已经成为非线性最小二乘例程的标准。本次模拟也采用了这种高斯-牛顿算法。

2.3.4 输入与输出参数的采集

教师样本是包含某一客观问题内在信息的数据集,它的分布特性严重影响了神经网络的可靠性及泛化能力,所以输入和输出变量的选取对人工神经网络建模非常重要。它是建立在制备过程基础上的,基于前面所做的研究工作基础,我们选取三个最主要的工艺参数(反应温度、反应时间和超声功率)为输入参数。选择所制备粉体中羟基磷灰石的质量分数为输出变量。输入、输出层的节点数决定于数据源即教师样本的维数。显然,教师样本的复杂程度决定了神经网络的复杂程度,教师样本维数越高神经网络的输入输出层的神经元数目就越多,从而系统的规模就越大,问题的难度就越高。为此我们按照经验分别选取反应温度为 60℃,70℃,80℃ 和 90℃;反应时间为 1 h,2 h,3 h 和 4 h;超声功率为 100 W,150 W,200 W,250 W 和 300 W。实验中总共采集的样本数量为 80 个,以其中 74 个为训练样本,其余的 6 个样本为验证样本,去验证已建立的神经网络的泛化能力。为了一开始就使得各变量的重要性处于同等地位,使网络所有权值在一个不太大的范围之内,由此来减轻网络训练时的难度,本书对输入变量进行了归一化处理。

2.3.5 设计 BP 网络算法和网络拓扑结构

由于 BP 网络——误差反向传播神经网络具有较强的联想记忆和推广能力,本书采用一种拟二阶算法——Levenberg Marquardt 算法,选用 BP 网络,神经网络模型为 $N \times N_1 \times N_2 \times 1$ 的双隐层结构。BP 网络通过输入数据正向传播和输出误差反向传播两个过程,修正各层连接权值和阈值,直至输出达到或逼近所要求的响应为止。由于经典 BP 算法的实质是一种最速下降(负梯度方向)静态寻优的一阶算法(见图 2 - 24),故而目标函数在极值点附近收敛速率慢或者算法根本就不收敛,而经典二阶算法如牛顿法在远离目标函数的极值点时收敛速率很慢。本书采用一种拟二阶算法——Levenberg Marquardt 算法。

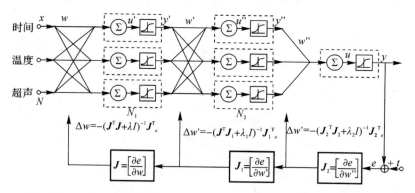

图 2 - 24　BP 网络结构以及 Levenberg-Marquardt 算法示意图

人工神经网络的拓扑结构设计对网络能否起到预测结果的作用影响巨大。一般说来,神经网络输入输出层的节点数是由客观问题以及教师样本来决定的,但是从实现的功能的角度看,BP 网络隐层则起抽象作用,即它能从输入提取特征知识,因而网络的泛化能力主要取决于隐层。当各神经元均采用 S 形传递函数时,两个隐层足以表示输入图形的任意输出函数,适当地增加隐层数,神经网络的处理能力和泛化推广能力可以得到提高,但也必将使训练过程复杂化。采用单隐层网络时则存在许多不足:隐含层神经元若太少,网络不收敛;隐含层神经元数若太多,网络对于教师样本可能收敛,但是网络可能并不够"健壮",网络的泛化能力低。

目前,还没有很好的解析式来指导设计隐层,而且"隐含单元数的选择是一种艺术",它与问题的难度以及输入输出神经元数都有直接关系,所以网络拓扑结构的选择应当综合考虑网络泛化性能和训练过程复杂程度。

采用 Levenberg Marquardt 算法,取误差指标 SSE(Sum Squared Error)为 0.001,综合考虑网络的学习速率和泛化能力取两个隐层网络。根据所采集的教师样本可以确定该神经网络的输入层神经元数 $N=3$,输出层神经元数为 $Y=1$。隐层数设为 2 个,根据实际计算的经验当第一隐层和输入层神经元数目相同时,网络具有最好的泛化能力,因此第一隐层神经元数 $N_1=3$;第二隐层神经元数目 N_2 一般根据经验和试探法来确定,保证得到令人满意的泛化能力和收敛速率。经过 ANN 程序很多次反复试验计算,找到了完美的输出羟基磷灰石质量分数的网络拓扑结构{3,3,4,1},如图 2-25 所示。

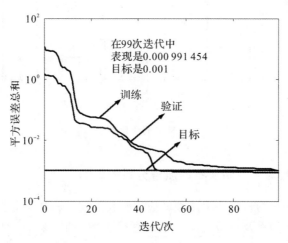

图 2-25 人工神经网络的训练过程

2.3.6 模拟结果预测和讨论

1. 神经网络的训练与验证

采用上述建立的人工神经网络模型,经过 99 次迭代后收敛于所要求的误差指标

（0.001），其训练过程记录如图 2-26 所示。可见所建立的模型具有很好的收敛特性，网络的训练次数比较少。神经网络训练成功后，从样本中归纳出的领域知识就以数字形式存储在各层神经元之间的联接权值和神经元的阈值中。用 6 个验证样本，对该网络进行泛化性能测试，结果如图 2-26 所示，图中左侧是预测值，右侧是样本值。从图中可以看出虽然训练误差 SSE 随着训练过程一直下降，确认误差也不停发生变化，在训练次数达到 99 次之后训练误差和确认误差都几乎不再改变了。所以训练过程到达 99 次时就可以停止了，这样可以在尽量不增加系统误差的前提下节约宝贵的训练时间。去验证训练网络的泛化能力，将从被训练的神经网络得到的预测值和试验数据列于图 2-26。从图中可以看出预测值和确认值非常吻合，这表明训练网络具有非常理想的泛化能力，预测精度较高。图 2-26 还说明，人工神经网络技术作为一种典型的数据挖掘技术，可以发现隐藏在大量样本中的模式总体信息，提取出规则，进而通过联想和推广对未见过的样本也能得出合理的结论。

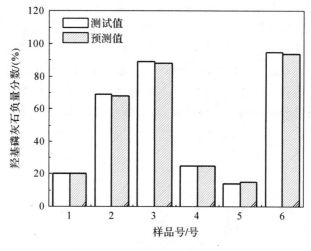

图 2-26　样本的泛化验证结果图

2. 制备工艺参数对羟基磷灰石的质量分数的影响

羟基磷灰石作为生物材料在很多领域应用时其纯度是一个很重要的指标。羟基磷灰石的质量分数和超声功率及反应时间之间的关系曲面图如图 2-27 所示。从图中可以看出，随着超声功率和反应时间的增加，产物中羟基磷灰石的质量分数增加，并且羟基磷灰石的质量分数随着反应时间的增加而增加的速率要大于随着超声功率的增加速率，这表明超声时间对声化学合成反应的影响要大于超声功率对声化学合成反应的影响。这也与之前的结果一致，因此，超声功率主要对合成纳米羟基磷灰石的显微结构有较大的影响，同时能够提供合成能量，降低纳米羟基磷灰石的合成活化能。

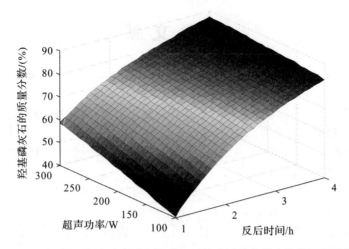

图 2 - 27　反应时间、超声功率对羟基磷灰石的质量分数影响的模拟结果曲面图

　　图 2 - 28 展示了羟基磷灰石的质量分数和反应温度及反应时间之间的关系曲面图。很明显图 2 - 28 所示的趋势和图 2 - 27 很相似。随着反应温度和反应时间的增加,产物中羟基磷灰石的质量分数增加,并且羟基磷灰石的质量分数随着反应时温度的增加而增加的速率要大于随着反应时间的增加速率,这表明声化学合成温度对声化学反应的影响要大于反应时间对合成羟基磷灰石反应的影响。这说明在声化学合成纳米羟基磷灰石的反应过程中反应温度扮演着最重要的角色。其次为反应时间,最后为超声波的功率,这与前面的实验结果是完全吻合的。从前面的研究也可以看出,当反应温度达到 90℃,反应时间大于 3 h,超声功率为 200 W 时,可以得到纯度几乎为 100% 的纳米羟基磷灰石粉体。

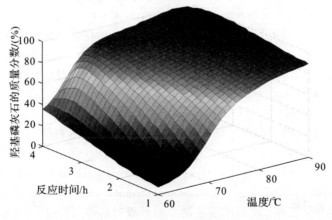

图 2 - 28　反应时间、反应温度对羟基磷灰石的质量分数影响的模拟结果曲面

参 考 文 献

[1] BURG K J, PORTER S, KELLAM J F. Biomaterial developments for bone tissue engineering[J]. Biomaterials, 2000, 21(23):2347 – 2359.

[2] 刘冬, 秦虎, 汪永新, 等. 3D打印羟基磷灰石/聚乳酸网状复合物修复颅骨缺损[J]. 中国组织工程研究, 2019, 23(6):833 – 837.

[3] 覃李玲, 严妍, 余卓, 等. 骨髓干细胞在羟基磷灰石涂层钛片上向软骨的分化[J]. 中国组织工程研究, 2019, 23(1):41 – 46.

[4] 李璐, 舒静媛, 郑丽霞, 等. 骨髓基质干细胞与纳米羟基磷灰石的相互作用[J]. 中国组织工程研究, 2019, 23(1):138 – 144.

[5] 钱程, 张卫民. 纳米 HAP 复合型材料吸附水中镍离子性能[J]. 无机盐工业, 2019, 51(2):51 – 55.

[6] 李刚, 梁彦会, 郭玉洁, 等. 非离子表面活性剂改性羟基磷灰石粉体的制备[J]. 硅酸盐通报, 2019, 38(2):559 – 562.

[7] LIU H S, CHIN T S, LAI L S, et al. Hydroxyapatite synthesized by a simplified hydrothermal method[J]. Ceramics International, 1997, 23(1):19 – 25.

[8] TORIYAMA M, RAVAGLIOLI A, KRAJEWSKI A, et al. Synthesis of hydroxyapatite – based powders by mechano – chemical method and their sintering [J]. Journal of the European Ceramic Society, 1996, 16(4):429 – 436.

[9] KUMAR R, CHEANG P, KHOR K A. RF Plasma Processing of Ultra – Fine Hydroxyapatite Powders[J]. Journal of Materials Processing Technology, 2001, 113(1):456 – 462.

[10] LUO P, NIEH T G. Synthesis of ultrafine hydroxyapatite particles by a spray dry method[J]. Materials Science & Engineering C, 1995, 3(2) :75 – 78.

[11] CÜNEYT A T. Combustion Synthesis of Calcium Phosphate Bioceramic Powders [J]. Journal of the European Ceramic Society, 2000, 20(14):2389 – 2394.

[12] SHUKLA V, ELLIOTT G S, KEAR B H, et al. Hyperkinetic deposition of nanopowders by supersonic rectangular jet impingement[J]. Scripta Materialia, 2001, 44(8 – 9):2179 – 2182.

[13] 周恒, 王梦雨, 李振铎, 等. 热处理对羟基磷灰石粉体表征的影响[J]. 有色金属(冶炼部分), 2008, (S1):102 – 104.

[14] KIM W, SAITO F. Sonochemical Synthesis of Hydroxyapatite from H3PO4 Solution with Ca(OH)2[J]. Ultrasonics Sonochemistry, 2001, 8(2):85 – 88.

[15] 董晶, 寇福明, 王峰. 模拟体液法制备纳米级羟基磷灰石[J]. 江苏陶瓷, 2006, 39(4):4 – 7.

[16] MAVROPOULOS E, ROSSI A M, ROCHA N C C D, et al. Dissolution of calcium – deficient hydroxyapatite synthesized at different conditions[J]. Materials Characterization, 2003, 50(2):203 – 207.

[17] PRICE G J. Recent developments in sonochemical polymerisation[J]. Ultrasonics Sonochemistry, 2003, 10(4-5):277-283.

[18] RAYNAUD S, CHAMPION E, BERNACHE-ASSOLLANT D, et al. Calcium Phosphate Apatites with Variable Ca/P Atomic Ratio I. Synthesis, Characterisation and Thermal Stability of Powders[J]. Biomaterials, 2002, 23(4):1065-1072.

[19] KNOWLES J C, CALLCUT S, GEORGIOU G. Characterisation of the rheological properties and zeta potential of a range of hydroxyapatite powders [J]. Biomaterials, 2000, 21(13):1387-1392.

[20] PANG Y X, BAO X. Influence of temperature, ripening time and calcination on the morphology and crystallinity of hydroxyapatite nanoparticles[J]. Journal of the European Ceramic Society, 2003, 23(10):1697-1704.

[21] 王孝恩. 晶体成核和生长的微观模型[J]. 潍坊工程职业学院学报, 2007, 20(3):15-17.

[22] SHIRKHANZADEH M. Bioactive calcium phosphate coatings prepared by electrodeposition[J]. Journal of Materials Science Letters, 1991, 10(23):1415-1417.

[23] ZHANG J M, LIN C J, FENG Z D, et al. Electrochemical preparation for bioactive ceramics coating on Ti-6Al-4V substrate[J]. Chemical Research in Chinese Universities, 1997(6):961-962.

[24] HUANG L Y, HAN Y, XU K W. Process Analysis for Fabricating Hydroxyapatite Biocoating by Electrocrystallization [J]. Materials Science & Engineering, 1996, 15(3):55-58.

[25] REDEPENNING J, SCHLESSINGER T, BURNHAM S, et al. Characterization of electrolytically prepared brushite and hydroxyapatite coatings on orthopedic alloys[J]. Journal of biomedical materials research, 1996, 30(3):287-294.

[26] ZHANG J M, LIN C J, FENG Z D, et al. Mechanistic studies of electrodeposition for bioceramic coatings of calcium phosphates by an in situ pH-microsensor technique[J]. Cheminform, 1998, 452(2):235-240.

[27] KUO M C, YEN S K. The process of electrochemical deposited hydroxyapatite coatings on biomedical titanium at room temperature[J]. Materials Science & Engineering C: Biomimetic and Supramolecular Systems, 2002, 20(1-2):153-160.

[28] 张秀莲, 熊信柏, 黄剑锋, 等. 炭/炭复合材料表面生物活性钙磷涂层 XRD 和 Raman 光谱研究[J]. 新型炭材料, 2003, 18(2):123-127.

[29] 肖锋, 叶建东, 王迎军. 超声技术在无机材料合成与制备中的应用[J]. 硅酸盐学报, 2002, 30(5):615-619.

[30] 李颖华, 曹丽云, 黄剑锋, 等. 碳/碳复合材料表面纳米 HAp/壳聚糖生物复合涂层的制备[J]. 航空材料学报, 2009, 29(4):81-84.

[31] 邵锋伟. 多孔纳米羟基磷灰石作为骨相关药物控释载体的研究[D]. 杭州:浙江理

工大学，2011.

[32] 资文华，孙俊赛，陈庆华，等. 纳米羟基磷灰石制备工艺的最新研究进展[J]. 昆明理工大学学报(自然科学版)，2003，28(4):23－26.

[33] DASH A K, CUDWORTH G C. Therapeutic applications of implantable drug delivery systems[J]. J Pharmacol Toxicol Methods，1998，40(1):1－12.

[34] SUCHANEK W, YOSHIMURA M. Processing and properties of hydroxyapatite－based biomaterials for use as hard tissue replacement implants[J]. Journal of Materials Research，1998，13(1):94－117.

[35] LIU D. Preparation and characterisation of porous hydroxyapatite bioceramic via a slip－casting route[J]. Ceramics International，1998，24(6):441－446.

[36] BEZZI G, CELOTTI G, LANDI E, et al. A novel sol－gel technique for hydroxyapatite preparation[J]. Materials Chemistry and Physics，2003，78(3):816－824.

[37] ZHANG H, LI S, YAN Y. Dissolution behavior of hydroxyapatite powder in hydrothermal solution[J]. Ceramics International，2001，27(4):451－454.

[38] 胡英，吕瑞东，刘国杰，等. 物理化学[M]. 北京:高等教育出版社，1991.

[39] DOKTYCZ S, SUSLICK K. Interparticle collisions driven by ultrasound[J]. Science，1990，247(4946):1067－1069.

[40] WALTON D J, INIESTA J, PLATTES M, et al. Sonoelectrochemical effects in electro－organic systems[J]. Ultrasonics Sonochemistry，2003，10(4):209－216.

[41] 叶佩文. 硅酸盐物理化学[M]. 南京:东南大学出版社，1998.

[42] 宋云京，李木森，温树林，等. 温度和 pH 值对羟基磷灰石粉体合成的影响[J]. 硅酸盐通报，2003，22(2):7－10.

[43] 傅献彩，沈文霞，姚天杨. 物理化学[M]. 北京:高等教育出版社，1990.

[44] LIU C S, HUANG Y, SHEN W, et al. Kinetics of Hydroxyapatite precipitation at pH 10 to 11[J]. Journal of East China University of Science and Technology，2001，22(4):301－306.

[45] 陈晓星. 对玻璃陶瓷、羟基磷灰石和氧化铝土颗粒的磷硅灰石骨导管的定量分析评价[J]. 国际生物医学工程杂志，1991(1):49－50.

[46] 肖艳娜. 复相生物微晶玻璃的研究[D]. 唐山:河北联合大学，2014.

[47] RODRÍGUEZ－CLEMENTE R, LÓPEZ-MACIPE A, GÓMEZ-MORALES J, et al. Hydroxyapatite Precipitation: A Case of Nucleation-Aggregation-Agglomeration-Growth Mechanism[J]. Journal of the European Ceramic Society，1998，18(9):1351－1356.

[48] 胡皓冰，林昌健，陈菲，等. 电化学沉积制备羟基磷灰石涂层及机理研究[J]. 电化学，2002，8(3):228－294.

[49] BAN S, MARUNO S. Effect of temperature on electrochemical deposition of calcium phosphate coatings in a simulated body fluid[J]. Cement & Concrete Research，1995，16(13):977－981.

[50] 张喜梅，丘泰球. 声场对溶液结晶过程动力学影响的研究[J]. 化学通报，1997

(1):44 - 46.

[51] 陈志刚,陈彩凤,刘苏. 超声场中湿法制备 Al_2O_3 纳米粉工艺研究[J]. 硅酸盐学报,2003,31(2):213 - 217.

[52] ITATANI K, IWAFUNE K, HOWELL F S, et al. Preparation of various calcium - phosphate powders by ultrasonic spray freeze - drying technique[J]. Materials Research Bulletin, 2000, 35(4):575 - 585.

[53] 刘晓. 人工神经网络模型及其应用[D]. 北京:北京交通大学,1991.

[54] LISBOA P G. 现代神经网络应用[M]. 邢春颖,译. 北京:电子工业出版社,1996.

[55] 尹耀慧,金益强,易振佳. 人工神经网络在中医药现代化研究中的应用[J]. 中医药导报,2006,12(9):83 - 85.

[56] ZURADA J M. Introduction to Artificial Neural Systems[M]. St. Paul:West Publishing Company, 1992.

[57] 杨行峻,郑君里. 人工神经网络[M]. 北京:高等教育出版社,1992.

[58] 余英林,李海洲. 神经网络与信号分析[M]. 广州:华南理工大学出版社,1996.

[59] 孟伟. 神经-模糊和软计算[J]. 电子科技,2001(21):24 - 25.

[60] 刘永红. 神经网络理论的发展与前沿问题[J]. 信息与控制,1999,28(1):31 - 46.

[61] 姚国正,汪云九. 神经网络的集合运算[J]. 信息与控制,1989,18(2):31 - 40.

[62] 戚德虎,康继昌. BP 神经网络的设计[J]. 计算机工程与设计,1998,19(2):48 - 50.

[63] 蔡荣辉,崔雨轩,薛培静. 三层 BP 神经网络隐层节点数确定方法探究[J]. 电脑与信息技术,2017,25(5):29 - 33.

[64] 张钹,张铃. 人工神经网络的设计方法[J]. 清华大学学报(自然科学版),1998,(S1):1 - 4.

[65] 周凤岐,乔迎贤. 自动调整网络规模的前向神经网络[J]. 西北工业大学学报,1997,15(2):213 - 217.

[66] 薛家祥. BP 神经网络优化训练技术的研究[J]. 华南理工大学学报(自然科学版),1998,26(7):21 - 24.

[67] 蔡荣辉,崔雨轩,薛培静. 三层 BP 神经网络隐层节点数确定方法探究[J]. 电脑与信息技术,2017,25(5):29 - 33.

[68] 杨良土,胡东成. 多层前馈神经网络的误差特性分析[J]. 清华大学学报(自然科学版),1998,38(9):59 - 62.

[69] 王科俊,金鸿章. BP 算法执行过程中的平台现象及其减少方法的研究[J]. 哈尔滨工程大学学报,1997,18(5):40 - 48.

[70] 齐乐华,侯俊杰,杨方,等. 基于神经网络建立液态挤压成形管、棒材工艺参数知识库[J]. 航空学报,1998,19(6),744 - 747.

[71] 徐志淮. 碳/碳复合材料 CVD - SiC 涂层工艺及其神经网络专家系统[D]. 西安:西北工业大学,2000.

第3章
羟基磷灰石-壳聚糖生物复合涂层

羟基磷灰石是自然骨中主要的无机成分,壳聚糖是弱碱性多糖,二者都具有优异的生物相容性和生物活性,可被用作生物医用材料。碳/碳复合材料是国际新材料研究领域重点发展的一种新型结构材料,具有优异的综合性能,在骨修复及骨替换惰性材料领域具有广泛的应用前景。为了充分发挥碳/碳复合材料优异的力学性能,使其具有诱导成骨细胞生长的能力,可在碳/碳复合材料表面制备具有生物活性的羟基磷灰石涂层。

3.1 壳聚糖概述

3.1.1 壳聚糖的分子结构

壳聚糖即脱乙酰基甲壳素,学名聚氨基葡萄糖,化学名称为(1,4)聚-2-氨基-2-脱氧-β-D-葡聚糖,是通过β-1,4-糖苷键将N-乙酰-D-氨基葡萄糖单体连接起来的直链状高分子化合物。

3.1.2 壳聚糖的物理化学性质

壳聚糖为白色无定型、半透明、略有珍珠光泽的固体,相对分子质量因原料和制备方法的不同而不同,可达数十万至数百万不等。壳聚糖的两项主要性能指标是黏度和脱乙酰度,因制备方法和需求的不同,壳聚糖的脱乙酰度为 $60\% \sim 100\%$;另外一项重要的性能指标是黏度(即平均相对分子质量),不同黏度的产品有不同的用途。目前,根据产品黏度不同可将壳聚糖分为 3 大类:①高黏度壳聚糖,即黏度为 $1\,000$ mPa·s 的 1%壳聚糖乙酸溶液;②中黏度壳聚糖,即黏度为 $100 \sim 500$ m Pa·s 的 1%壳聚糖乙酸溶液;③低黏度壳聚糖,即黏度为 $25 \sim 50$ m Pa·s 的 1%壳聚糖乙酸溶液。壳聚糖具有较好的吸附性、成纤性、通透性、成膜性及吸湿、保湿性。

壳聚糖为阳离子聚合物,不溶于水、碱性溶液、稀硫酸、稀磷酸,可溶于矿酸、稀盐酸、硝酸等无机酸和多数有机酸溶液。由于壳聚糖分子链的糖残基上既有羟基又有氨基,因此,可在羟基上发生酰化反应生成酯,又可在氨基上与稀酸结合生成胺盐。然而,壳聚糖分子中氨基反应活性大于羟基,易发生化学反应,使壳聚糖在较温和的条件下进行多种化学修饰反应,如酰化、醚化、羟基化、氰化、酯化、烷基化、螯合、水解、酰亚胺化、卤化、氧化、接枝与交联等,形成不同结构和性能的壳聚糖衍生物。

3.1.3 壳聚糖的生物学性质

壳聚糖是一种在生物体内可被吸收的生物可降解材料。大量临床实验研究证明,壳聚糖具有无毒、无刺激、良好的生物相容性、生物可降解性及不引起过敏反应和感染等特殊功能,且能促进正常的纤维蛋白和上皮组织形成。另外,壳聚糖还具有易于成型、成膜、抗凝血、促进伤口愈合和防腐抗菌等性能。因而,可被用于人造皮肤、外科手术缝合线、伤口包扎等医学领域。近年来,国内外的研究学者将壳聚糖作为种子细胞或活性生长因子的生物载体材料,用于骨组织工程材料中的三维生长支架,并取得了良好的效果。但壳聚糖缺乏骨键合生物活性,不能促进骨组织的生长,从而限制了它在骨修复、骨组织工程中的应用。

3.2 羟基磷灰石-壳聚糖生物复合涂层制备工艺

3.2.1 碳/碳复合材料沉积基体的制备

碳/碳复合材料沉积基体选用飞机刹车盘用 2D 碳/碳复合材料,经线切割成 10 mm × 8 mm × 2 mm 的基片,并依次采用 240 号、600 号、800 号和 1500 号砂纸对其进行去尖角、粗磨及细磨处理,然后经金相试样抛光机抛光。将抛光后的基片依次置于去离子水、无水乙醇中分别超声清洗 20 min,最后用去离子水反复冲洗,烘干后即可作为沉积基体备用。

3.2.2 实验装置及仪器

水热电泳沉积反应装置如图 3-1 所示,外部为密闭不锈钢材料,内衬为特氟龙材料,特氟龙容积为 230 mL,悬浮液体积为 150 mL,填充度为 65%。密闭不锈钢材料的顶盖有 2 个接线柱与外部电源连接,以石墨为阳极,碳/碳复合材料为阴极,采用外部加热的方式将水热电泳沉积反应装置置于精密恒温烘箱中,调节温度使反应装置内悬浮液升温产生压强,同时也可以调节沉积电压或调节电流。

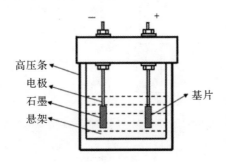

图 3-1　水热电泳沉积反应装置

3.2.3　实验方法与过程

水热电泳沉积法制备羟基磷灰石-壳聚糖复合涂层的工艺过程主要有纳米羟基磷灰石粉体的制备、悬浮液的配制、碳/碳复合材料基片的预处理、羟基磷灰石-壳聚糖复合涂层的制值、羟基磷灰石-壳聚糖复合涂层断间的制备。

纳米羟基磷灰石粉体的制备:以 $Ca(NO_3)_2 \cdot 4H_2O$,$(NH_4)_2HPO_4$,$NH_3 \cdot H_2O$,$CO(NH_2)_2$ 为原料,采用声化学法合成纳米尺寸的羟基磷灰石粉体。

悬浮液的配制:先将壳聚糖粉末加入体积分数为 2% 的醋酸溶液中,剧烈搅拌 1 h 后,得到质量分数为 3% 的壳聚糖溶液,静置脱泡 10 h;然后,称取适量自制纳米羟基磷灰石和壳聚糖溶液以一定的比例分散在异丙醇(分析纯)中,磁力搅拌 5 h 后,陈化 1 h,以便使悬浮颗粒充分带电;最后得到含有羟基磷灰石和壳聚糖的混合悬浮液。

碳/碳复合材料基片的预处理:将碳/碳复合材料基片置于 68 %(体积分数)硝酸溶液中于室温下浸泡 12 h,取出后放入电热恒温鼓风干燥箱内于 80℃下烘干,2 min 后取出即可。

羟基磷灰石-壳聚糖复合涂层的制备:将上述悬浮液放入水热电泳沉积反应装置中(填充度为 65%),以石墨为阳极,表面改性处理后的碳/碳复合材料基片为阴极,并将反应装置置于精密恒温烘箱中,在沉积电压为 30 V,水热温度为 100℃以下,通电沉积 25 min 后关闭电源,停止沉积,待自然冷却后取出基片并烘干,即得复合涂层试样。

羟基磷灰石-壳聚糖复合涂层断面的制备:在对羟基磷灰石-壳聚糖复合涂层的断面形貌进行观察前,需要对复合涂层进行镶嵌,具体的步骤是:首先,将复合涂层试样放入一定尺寸的塑料套管内,采用义齿基托树脂填充,并向其中滴加适量的义齿基托树脂液;然后在室温下固化 36 h;最后,将固化的镶嵌试样经切割机切开并在砂纸上打磨、抛光,清洗后烘干即可。

3.2.4　羟基磷灰石-壳聚糖复合涂层结合强度的测试

羟基磷灰石-壳聚糖复合涂层与碳/碳复合材料间的结合强度通过拉伸法测定。选用 PT-1036PC 万能材料试验机作为测试仪器,环氧 E-7 胶作为固定样品的黏合剂,拉伸法测试装置如图 3-2 所示。

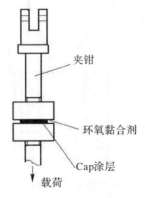

图 3-2　拉伸测试测试装置

3.2.5 羟基磷灰石-壳聚糖复合涂层沉积量的测定

首先,称量出碳/碳基片复合材料沉积前后的质量,采用 H5 型万分之一天平测量;然后,通过计算碳/碳复合材料基片沉积前后的质量差来表征复合涂层的沉积量,用质量差除以基片面积来表示复合涂层的单位面积沉积量。

3.3 水热电泳沉积法制备羟基磷灰石－壳聚糖涂层的影响因素

水热电泳沉积法制备羟基磷灰石-壳聚糖涂层的影响因素很多,包括:①水热温度:在其他工艺参数相同的条件下,升高悬浮液的温度有利于提高电泳沉积过程中粒子的扩散速度,增加复合涂层的单位面积沉积量;②悬浮液中固体物质的质量分数。在其他条件保持不变的情况下,若固体物质的质量分数在 30% 以下时,提高固体物质的质量分数则单位面积沉积量增加,涂层的泳透力和均匀性提高;③沉积电压:采用恒电压方式时,在一定范围内升高沉积电压,复合涂层的厚度随之增加,同时复合涂层的电阻也增加,而使几乎全部的电压降都施加在复合涂层上,此时若再增加沉积电压,有可能使复合涂层被击穿,造成涂层粗糙,产生针孔等瑕疵;④电泳沉积时间:沉积时间可以根据所需复合涂层的厚度、悬浮液的浓度、沉积电压、电流密度而定;⑤电流强度:采用恒电流方式时,当电流强度较小时复合涂层紧实,当电流强度较大时复合涂层多孔且晶粒变大;⑥悬浮液的 pH:阴极电泳沉积的 pH 在 3～4 之间,阳极电泳沉积的 pH 在 8～9 之间;⑦极间距离与电极面积比:悬浮液的阻值与电极间距离成正比,随着极间距离的增大,复合涂层的单位面积沉积量逐渐减少。电极面积比是指电极面积与基片面积的比值,其影响电流密度的分布情况,一般控制在 1～2 之间;⑧电导率:在电泳过程中,应保持电导的稳定,一般在 1 200～1 600 μS·cm^{-1} 之间。上述影响因素最终决定了复合涂层的结构、性能和界面结合情况,因此,对水热电泳沉积法制备羟基磷灰石-壳聚糖复合涂层的工艺因素的研究至关重要。

3.3.1 涂层的组分和结构

图 3-3 为采用声化学法制备的纳米羟基磷灰石粉体的 XRD 图谱。此图谱与羟基磷灰石的标准图谱完全一致,说明采用该方法合成的羟基磷灰石粉体的纯度比较高。由图 3-3 可以看出,羟基磷灰石粉体的特征衍射峰的宽度比较宽,根据小粒度颗粒 X 射线衍射图中衍射峰的宽化效应可知,所制得的羟基磷灰石粉体的粒度较小,经 Sherrer 公式计算,合成的羟基磷灰石粉体的粒度为 9 nm。图 3-4 为所制备纳米羟基磷灰石粉体的 TEM 照片,从图中可以看出,其粒度为 9～15 nm,与 XRD 分析结果基本吻合,粉体无团聚现象。

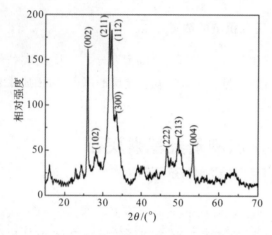

图 3-3 纳米羟基磷灰石粉体的 XRD 图谱

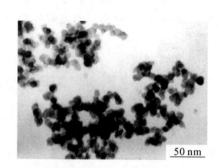

图 3-4 制备纳米羟基磷灰石
粉体的 TEM 照片

　　配制浓度为 8 g/L 的羟基磷灰石和壳聚糖的混合悬浮液（羟基磷灰石和壳聚糖的质量比是 20∶1），在水热温度为 120℃、沉积电压为 50 V 时通电沉积 30 min 后断开电源，待反应装置自然冷却后，取出基片并烘干，即得复合涂层。图 3-5 为所制备涂层的 XRD 图谱，由图中可以看出，当 2θ 在 30°～35°和 45°～50°之间时，涂层的 XRD 谱出现了羟基磷灰石的几个特征衍射峰，但未发现壳聚糖的衍射峰，认为其为无定形态。

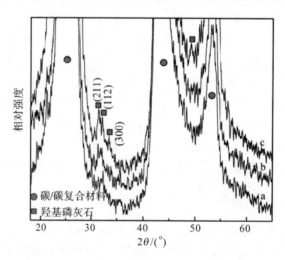

图 3-5 所制备涂层的 XRD 图谱

　　图 3-6 是制备的纳米羟基磷灰石粉体、壳聚糖粉体和在水热温度为 100℃下所制备涂层的 FTIR 图谱。由图可知，涂层中除出现羟基磷灰石的 PO_4^{2-} 和 OH^- 的吸收峰（565 cm^{-1}，602 cm^{-1}，1 035～1 110 cm^{-1} 和 3 445 cm^{-1}）外，还出现壳聚糖分子的特征吸收峰（2 865～2 918 cm^{-1}），结合涂层的 XRD 分析结果说明所制备的涂层由羟基磷灰石和壳聚糖两相组成。对比羟基磷灰石-壳聚糖复合涂层和纯羟基磷灰石、壳聚糖粉体的图

谱可知,涂层在1 032～1 110 cm^{-1}处的吸收峰(属于羟基磷灰石中PO$_4^{2-}$的伸缩振动峰)和在1 595～1 658 cm^{-1}处的吸收峰(叠加OH$^-$和NH$_2^-$的伸缩振动峰)变得较为尖锐,说明壳聚糖分子中OH$^-$和NH$_2^-$已发生衍生化,分别与羟基磷灰石的功能基团发生较强的化学作用。

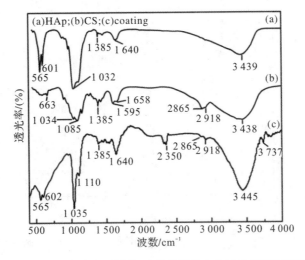

图3－6　羟基磷灰石粉体、壳聚糖粉体和涂层的FTIR图谱

图3－7为所制备复合涂层的SEM照片。从图3－7中可以看出,羟基磷灰石-壳聚糖涂层表面主要由颗粒状晶粒构成,呈现颗粒紧密结合的多孔结构,涂层具有较好的致密性和均匀性,无明显裂纹及其他缺陷。

图3－7　所制备复合涂层的SEM照片

3.3.2　水热温度对复合涂层晶相结构的影响

图3－8是水热温度为80～120℃范围之间时电泳沉积制备的复合涂层的XRD图谱。从图谱中可以看出,复合涂层在2θ在30°～35°和45°～50°之间均出现了羟基磷灰石晶体的特征衍射峰。并且,羟基磷灰石晶相的衍射峰随着水热温度的升高呈现逐渐增强的趋势。当水热温度为80℃时,复合涂层的羟基磷灰石衍射峰较微弱。当水热温度升高

至120℃时,复合涂层的羟基磷灰石衍射峰峰形尖锐且完整,同时,(211)(112)及(300)晶面的衍射峰明显增强。以上分析说明,羟基磷灰石-壳聚糖涂层的结晶性能随着水热温度的升高而明显提高,同时复合涂层还表现出沿(211)(112)及(300)晶面取向生长的特征。

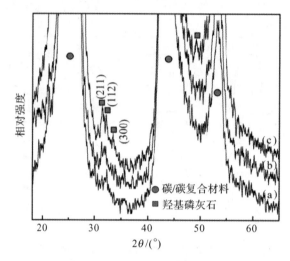

图3-8 不同水热温度下电泳沉积制备的复合涂层的XRD图谱
(a)$T=80$℃;(b)$T=100$℃;(c)$T=120$℃

3.3.3 水热温度对复合涂层显微结构的影响

图3-9是水热温度为80~120℃范围之间时电泳沉积制备的复合涂层表面的SEM照片。从图3-9(a)中可以看出,水热温度较低时,所制备复合涂层的表面主要由颗粒状晶粒构成,涂层中存在较多的孔洞,致密性较差;随着水热温度的升高,羟基磷灰石-壳聚糖复合涂层由颗粒疏松结合的多孔结构向颗粒紧密结合的多孔结构转变[见图3-9(a)~(c)],涂层的内聚力增强,致密性和均匀性明显提高。这主要是由于水热温度的升高加速了带电颗粒的迁移和扩散速率,同一时刻到达电极表面的颗粒数目增多,从而有足够的颗粒形成紧密的排列堆积。同时,水热温度的升高也有利于提高反应釜内的压力,促进晶粒的生长,从而形成更加致密、均匀、完整的羟基磷灰石-壳聚糖复合涂层。

（a）   （b）   （c）

图3-9 不同水热温度下所制备的复合涂层的表面形貌
(a)$T=80$℃;(b)$T=100$℃;(c)$T=120$℃

图 3 - 10 为不同水热温度下制备的复合涂层的断面形貌。从图 3 - 10(a)可以看出，水热温度较低时，复合涂层和基体的界面结合处存在一条较大的裂缝,这说明涂层与碳/碳复合材料的结合强度很差,且涂层较疏松,其内部存在较大裂纹。当水热温度升高至100℃[见图 3 - 10(b)]时,复合涂层和基体界面结合处的裂缝尺寸变小,说明涂层与碳/碳复合材料的结合强度有所提高,但涂层内部仍有裂纹。随着水热温度进一步升高至120℃时[见图 3 - 10(c)],复合涂层与基体的界面结合紧密,无明显裂纹,界面结合强度大大提高,且整个涂层厚度均匀、致密,约为 13 μm,说明水热温度的升高有利于复合涂层与碳/碳复合材料结合强度的提高。这主要是因为水热温度的升高致使水热反应釜内的压力增大,物质的传输与渗透作用增强,从而使复合涂层与碳/碳复合材料结合更紧密。但水热环境会产生高温、高压,易引发爆炸等危险,不易控制,所以本书中的水热温度均为120℃。

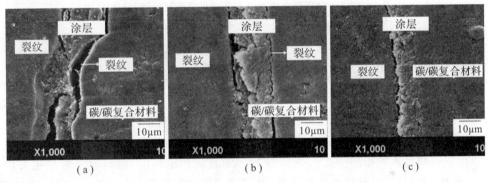

图 3 - 10 不同水热温度下所制备的复合涂层的断面形貌

(a)T=80℃;(b)T=100℃;(c)T=120℃

3.4 沉积电压对复合涂层结构的影响

3.4.1 沉积电压对复合涂层晶相结构的影响

图 3 - 11 是在沉积电压为 20～50 V 范围之间,水热电泳沉积制备的复合涂层的XRD 图谱。从图谱中可以看出,复合涂层在 2θ 在 30°～35°和 45°～50°之间均出现了羟基磷灰石晶体的特征衍射峰。同时,羟基磷灰石晶相的衍射峰随着沉积电压的升高逐渐完整并呈现逐渐增强的趋势。当沉积电压为 20 V 时,复合涂层的衍射峰较微弱[见图3 - 11(a)]。当电压升高至 50V 时,复合涂层的羟基磷灰石衍射峰明显增强,峰形尖锐且完整,但在(300)晶面的衍射峰减弱[见图 3 - 11(d)]。以上分析说明,羟基磷灰石-壳聚糖涂层的结晶性能随着沉积电压的升高而变好,同时复合涂层还表现出一定程度的沿(211)和(112)晶面取向生长的特征。

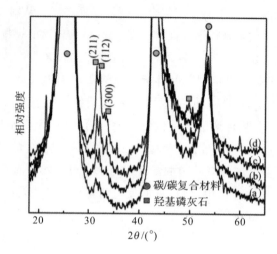

图 3-11　不同沉积电压下所制备的复合涂层的 XRD 图谱
(a)$U=20$ V；(b)$U=30$ V；(c)$U=40$ V；(d)$U=50$ V

3.4.2　沉积电压对复合涂层显微结构的影响

图 3-12 是在沉积电压为 20～50 V 范围之间，水热电泳沉积制备的复合涂层表面的 SEM 照片。由图 3-12 可以看出，在沉积电压较低时，所制备的复合涂层表面主要由网状微晶构成，同时观察到较少的颗粒状晶粒，涂层表面颗粒堆积无序，均匀性和致密性较差，并存在一些较大的孔洞[见图 3-12(a)]。随着沉积电压的升高，复合涂层主要由网状微晶构成，孔洞减少，孔隙率明显降低，涂层表面的致密性和均匀性有一定程度的提高，无明显裂纹[见图 3-12(b)]。当沉积电压升高至 50 V 时，从图 3-12(c)中可以看出，羟基磷灰石-壳聚糖复合涂层的均匀性和致密性得到较大的提高，涂层全部由更为细小的颗粒组成，且上层颗粒均呈现多孔蜂窝状结构，部分区域出现熔融现象。

图 3-12　不同沉积电压下所制备的复合涂层的表面形貌
(a)$U=30$ V；(b)$U=40$ V；(c)$U=50$ V

图 3-13 是在沉积电压为 20～50 V 范围之间，水热电泳沉积制备的复合涂层断面的 SEM 照片。从图 3-13(a)可以看出，沉积电压较低时，所制备的复合涂层和基体的界面

结合处存在较大的裂缝,复合涂层内部较疏松,且涂层的厚度不均匀,这说明复合涂层与碳/碳复合材料的结合强度较差。随着沉积电压升高至 40 V[见图 3-13(b)],复合涂层和基体的结合处仅存在较少的微裂纹,这说明涂层和基体的结合强度提高,但复合涂层内部出现裂纹,致密性和均匀性较差,涂层的厚度不均匀。当沉积电压升高至 50 V 时[见图 3-13(c)],复合涂层与基体的界面结合处无明显裂纹,结合强度大大提高,整个涂层致密且厚度均匀。这说明随着沉积电压的升高,羟基磷灰石-壳聚糖复合涂层的致密性、均匀性及与碳/碳复合材料的结合强度提高,涂层的厚度均匀,约为 14 μm。

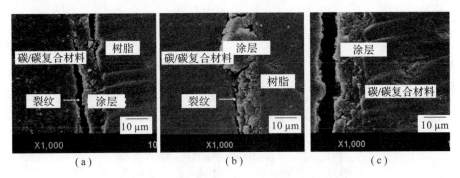

图 3-13　不同沉积电压下所制备的复合涂层的断面形貌
(a)$U=30$ V;(b)$U=40$ V;(c)$U=50$ V

3.4.3　沉积电压对复合涂层结合强度的影响

图 3-14 是在沉积电压为 15～50 V 范围之间,水热电泳沉积制备的复合涂层与碳/碳复合材料间的结合强度图。从图 3-14 中可以看出,沉积电压为 15 V 时,复合涂层与碳/碳复合材料的结合强度较低,约为 2.3 MPa;当沉积电压升高至 50 V 时,复合涂层与碳/碳复合材料的结合强度约为 6.9 MPa,这说明复合涂层与碳/碳复合材料的结合强度随着沉积电压的升高而明显增加。这与 SEM(见图 3-13)观察结果一致。

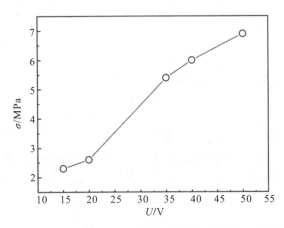

图 3-14　不同沉积电压下所制备的复合涂层的结合强度

3.5 沉积时间对复合涂层结构的影响

3.5.1 沉积时间对复合涂层晶相结构的影响

图 3-15 为在不同沉积时间下所制备的复合涂层表面的 XRD 图谱。从图中可以看出,随着沉积时间的增加,羟基磷灰石晶相的衍射峰呈现逐渐增强的趋势,复合涂层的结晶性能变好。在沉积时间为 5~10 min 时,复合涂层的羟基磷灰石衍射峰非常微弱。随着沉积时间的延长,复合涂层的羟基磷灰石衍射峰峰形尖锐且完整,(211)和(112)晶面的衍射峰明显增强。当沉积时间达到 40 min 时,复合涂层中出现了(300)晶面的衍射峰。以上分析说明,延长通电沉积时间有利于改善复合涂层的结晶性能。

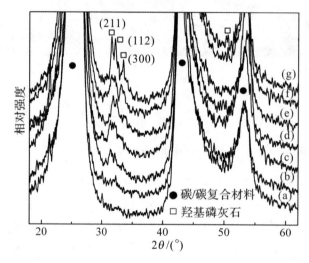

图 3-15 不同沉积时间下所制备的复合涂层的 XRD 图谱

(a)$t = 5$ min;(b)$t = 10$ min;(c)$t = 15$ min;(d)$t = 20$ min;

(e)$t = 25$ min;(f)$t = 30$ min;(g)$t = 40$ min

3.5.2 沉积时间对复合涂层显微结构的影响

图 3-16 为不同沉积时间下所制备的复合涂层表面的 SEM 照片。从图 3-16(a)可以看出,沉积时间较短时,复合涂层的单位面积沉积量很少,整个涂层呈棉絮状,其致密性和均匀性很差。随着沉积时间的延长,复合涂层的单位面积沉积量增加,整个涂层由颗粒疏松结合的多孔结构向颗粒紧密结合的多孔结构转变,涂层的致密性和结晶性能明显提高[见图 3-16(b)~(d)],这与图 3-15 的分析结果一致。

图 3-16　不同沉积时间下所制备的复合涂层的表面形貌

(a)$t=10$ min;(b)$t=20$ min;(c)$t=30$ min;(d)$t=40$ min

3.5.3　沉积时间与复合涂层单位面积沉积量的关系

图 3-17 是在不同沉积电压下复合涂层单位面积沉积量与沉积时间的关系曲线图。由图 3-17 可以看出,在相同的沉积电压下,随着沉积时间的延长,复合涂层的单位面积沉积量呈现增加的趋势。在较短的沉积时间内,复合涂层的单位面积沉积量增加比较明显,随后,单位面积沉积量增加的趋势比较缓慢。这主要是由于羟基磷灰石和壳聚糖均不导电,两电极电势随着碳/碳阴极逐渐被羟基磷灰石-壳聚糖复合涂层覆盖后而逐渐降低,致使复合涂层的沉积速率降低,但总体来说,复合涂层的表面结构更为致密,这与图 3-16 的分析结果一致。从图 3-17 还可以看出,在相同的沉积时间下,羟基磷灰石-壳聚糖复合涂层的单位面积沉积量随着沉积电压的升高也呈增加的趋势。这主要是由于增加沉积电压,即增加水热电泳沉积反应釜两电极间的电场势能,使悬浮液中的带电颗粒在电场中的移动速率加快,从而,有利于通过电场作用和水热反应填充前期沉积时残留的孔隙,提高复合涂层的致密性和均匀性,这与图 3-12 的分析结果一致。

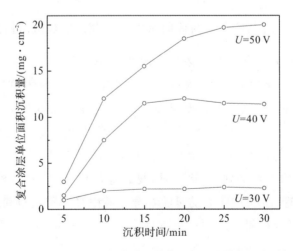

图 3-17　不同沉积电压下复合涂层单位面积沉积量与沉积时间的关系

3.6 悬浮液组分对复合涂层结构的影响

3.6.1 悬浮液中羟基磷灰石粉体的浓度对复合涂层晶相结构的影响

图 3－18 是在羟基磷灰石粉体含量不同的悬浮液中制备的复合涂层表面的 XRD 图谱。从图 3－18 中可以看出，随着悬浮液中羟基磷灰石粉体浓度的增加，复合涂层的羟基磷灰石晶相的衍射峰逐渐增强，峰形尖锐且完整，并且表现出一定程度的沿(211)(112)和(300)晶面取向生长的特征。这说明提高悬浮液中羟基磷灰石粉体的浓度有助于提高羟基磷灰石-壳聚糖涂层的结晶性能。

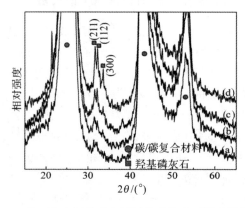

图 3－18　悬浮液(含有 0.5 g/L CS)中羟基磷灰石粉体的浓度不同时制备的复合涂层的 XRD 图谱
(a)4 g/L；(b)6 g/L；(c)8 g/L；(d)10 g/L

3.6.2 悬浮液中羟基磷灰石粉体的浓度对复合涂层显微结构的影响

图 3－19 是在羟基磷灰石粉体浓度不同的悬浮液中制备的复合涂层表面的 SEM 照片。由图 3－19(a)可以看出，在含有 4 g/L 羟基磷灰石粉体的悬浮液中制备的复合涂层由球状颗粒堆积而成，复合涂层表面均匀性和致密性较差，并存在较大的孔洞。随着羟基磷灰石粉体的浓度的增加，复合涂层由较为细小的颗粒组成，孔洞逐渐减小，致密性和均匀性有明显的提高，孔隙率显著降低[见图 3－19(b)～(c)]。当羟基磷灰石粉体的浓度增加到 10 g/L 时，复合涂层致密且均匀，没有发现孔洞及其他明显缺陷[见图 3－19(d)]。这说明随着悬浮液中羟基磷灰石粉体浓度的增加，同一时刻到达碳/碳复合材料表面的颗粒数目增多，从而有足够多的颗粒堆积形成致密的涂层。

图 3-19 悬浮液(含有 0.5 g/L CS)中羟基磷灰石粉体的浓度不同时制备的复合涂层的表面形貌

(a)4 g/L；(b)6 g/L；(c)8 g/L；(d)10 g/L

3.6.3 悬浮液中壳聚糖浓度与复合涂层单位面积沉积量的关系

图 3-20 为复合涂层单位面积沉积量与悬浮液中壳聚糖浓度的关系曲线图。从图中可以看出，随着悬浮液中壳聚糖浓度的增加，复合涂层的单位面积沉积量呈现先增大后减少的趋势。在含有 8 g/L 羟基磷灰石粉体的悬浮液中，壳聚糖浓度为 0.5 g/L 时，复合涂层的单位面积沉积量达到最大值。这表明在悬浮液中加入适量的壳聚糖能够提高复合涂层的单位面积沉积量，而过量的壳聚糖使悬浮液黏度增加，致使沉积速率降低，复合涂层的单位面积沉积量减少。

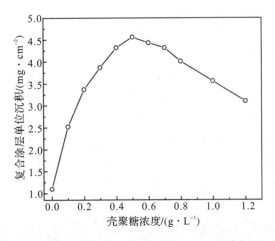

图 3-20 复合涂层单位面积沉积量与悬浮液(含有 8 g/L 羟基磷灰石)中壳聚糖浓度的关系

3.7 电流密度对复合涂层结构的影响

3.7.1 电流密度对复合涂层晶相结构的影响

图 3-21 是在电流密度为 4~10 mA/cm² 范围之间，电泳沉积制备的复合涂层表面的 XRD 图谱。从图谱中可以看出，复合涂层在 $2\theta=30°\sim35°$ 和 $45°\sim50°$ 之间均出现了羟

基磷灰石晶体的特征衍射峰。同时,羟基磷灰石晶相的衍射峰随着电流密度的增加明显增强。当电流密度为 4 mA/cm² 时,复合涂层中羟基磷灰石衍射峰的强度较微弱。当电流密度增加到10 mA/cm² 时,复合涂层中羟基磷灰石衍射峰峰形尖锐,(211)和(112)晶面的衍射峰明显增强,并出现了(213)晶面的衍射峰。

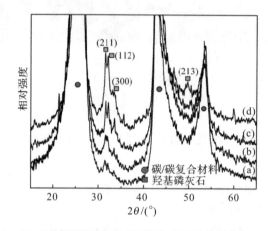

图 3-21　不同沉积电流密度下制备的复合涂层的 XRD 图谱

(a)$J = 4$ mA/cm²;(b)$J = 6$ mA/cm²;(c)$J = 8$ mA/cm²;(d)$J = 10$ mA/cm²

3.7.2　电流密度对复合涂层显微结构的影响

图 3-22 是在电流密度为 $4\sim10$ mA/cm² 范围之间,电泳沉积制备的复合涂层表面的 SEM 照片。从图 3-22 可以看出,电流密度较低时,所制备的复合涂层主要由颗粒状晶粒无序堆积而成,涂层中存在较多、较大的孔洞,致密性和均匀性很差[见图 3-22 (a)]。随着电流密度的增加,复合涂层由颗粒疏松结合的多孔结构向颗粒紧密结合的多孔结构转变,涂层的内聚力增强,均匀性和致密性明显提高[见图 3-22(b)~(d)]。这主要是由于碳/碳复合材料表面单位面积的带电量随着电流密度的增加而增大,从而使碳/碳复合材料表面的反应活性点增多,有利于羟基磷灰石粉体在碳/碳复合材料表面形成致密、均匀的涂层。

图 3-22　不同沉积电流密度下制备的复合涂层的表面形貌

(a)$J = 4$ mA/cm²;(b)$J = 6$ mA/cm²;(c)$J = 8$ mA/cm²;(d)$J = 10$ mA/cm²

3.7.3 电流密度对复合涂层沉积速率的影响

图3-23是羟基磷灰石-壳聚糖复合涂层在不同电流密度下的沉积量与沉积时间的关系曲线图。从图3-23中可以看出,在相同的电流密度下,复合涂层的沉积量和沉积时间之间近似符合线性关系,拟合后的直线斜率就是复合涂层在各个电流密度下的沉积速率,由此可得到电流密度和沉积速率之间的关系曲线图(见图3-24)。从图3-24中可以看出,复合涂层的沉积速率随电流密度的增加而线性增加。这主要是由于电流密度的增加使水热电泳沉积反应釜两电极间的电场势能增大,悬浮液中带电颗粒的扩散速率加快,从而提高复合涂层的沉积速率。

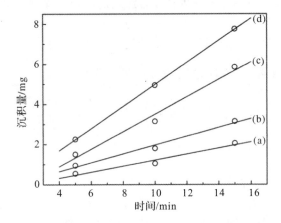

图3-23 不同沉积电流密度下复合涂层的沉积速率图
$(a)J = 4 \ mA/cm^2$;$(b)J = 6 \ mA/cm^2$;$(c)J = 8 \ mA/cm^2$;$(d)J = 10 \ mA/cm^2$

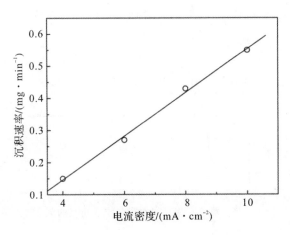

图3-24 沉积速率和电流密度关系图

3.8　羟基磷灰石-壳聚糖涂层的沉积动力学研究

电泳沉积生物活性羟基磷灰石-壳聚糖复合涂层的工艺简单、可控,适合不同形状的基体材料,是近年来人们广泛关注的热点技术之一。国内外研究学者已对它的工艺、性能、形成机理等进行了初步的研究和探讨,但目前为止,研究学者对其机理的认识还处于原理性论述阶段。水热电泳沉积法是一种将水热反应施加于电泳沉积过程的技术,尽管该方法引入了水热效应,但其本质上仍是电泳沉积技术。本书将从沉积动力学角度出发,对水热电泳沉积羟基磷灰石-壳聚糖生物复合涂层的沉积过程进行描述,建立相应的物理模型和沉积动力学方程,并设计相关的实验进行验证。同时,深入研究在水热直流电场条件下,碳/碳复合材料表面羟基磷灰石-壳聚糖复合涂层的沉积动力学特征。

3.8.1　羟基磷灰石-壳聚糖涂层的沉积机理分析

羟基磷灰石-壳聚糖涂层的沉积过程可分为两个阶段,首先,在外加直流电场的作用下,带电颗粒向其电性相反的电极移动,即电泳过程;然后,带电颗粒在电极表面沉积,形成致密、均匀的涂层,即沉积过程。目前,关于电泳沉积机理的研究很多,但尚无被普遍认同的沉积机理,其中较有代表性的是 DLVO 原理。

DLVO 理论是一种胶体溶液的稳定性理论,也是电泳沉积机理的基础理论。该理论认为,双电层的排斥力与溶胶粒子间存在的范德瓦耳斯引力是决定溶胶粒子沉积的主要因素。溶胶粒子间相互作用的势能与粒子间距的关系曲线如图 3-25 所示,溶胶粒子必须要越过图中所示的势垒才能靠拢引发团聚现象。因此,只有当外加直流电场或其他因素提供的能量高于粒子相互作用的势垒,才可能形成紧密而稳定的膜层。在 DLVO 理论的基础上,研究学者还提出了很多其他的沉积机制,如电荷中和机制、双电层结构变形-减薄机制、溶胶絮凝机制、电荷中和机制等,其合理性有待研究验证。

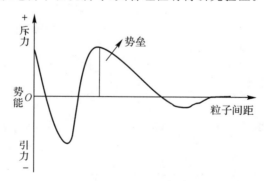

图 3-25　粒子间相互作用能与粒子间距的关系图

3.8.2　羟基磷灰石-壳聚糖涂层沉积过程的物理模型建立

水热电泳沉积羟基磷灰石-壳聚糖涂层的过程分为以下四步:

（1）壳聚糖大分子在乙酸水溶液中被质子化而带正电，其反应过程为

$$\text{Chit} - NH_2 + H_3O^+ \rightarrow \text{Chit} - NH_3^+ + H_2O \tag{3-1}$$

（2）在悬浮液中，异丙醇存在以下电离平衡：

$$CH_3CH(OH)CH_3 + CH_3CH(OH)CH_3 \rightleftharpoons CH_3CH(O^-)CH_3 + CH_3CH(OH_2^+)CH_3$$
$$\tag{3-2}$$

壳聚糖阳离子（$\text{Chit} - NH_3^+$）和异丙醇阳离子$[CH_3CH(OH_2^+)CH_3]$极易被纳米羟基磷灰石颗粒吸附，使其自身带正电。

（3）水在阴极（碳/碳复合材料）表面被还原，生成 H_2 和 OH^- 离子，其反应过程可表示为

$$2H_2O + 2e^- \rightarrow H_2 \uparrow + 2OH^- \tag{3-3}$$

（4）带正电的羟基磷灰石颗粒定向移动到阴极（碳/碳复合材料）表面，其中吸附壳聚糖阳离子（$\text{Chit} - NH_3^+$）的羟基磷灰石颗粒与阴极表面的 OH^- 离子发生化学反应，其反应过程可表示为

$$\text{Chit} - NH_3^+ + OH^- \rightarrow \text{Chit} - NH_2 + H_2O \tag{3-4}$$

结合之前实验分析结果，建立采用水热电泳沉积法在碳/碳复合材料表面沉积羟基磷灰石-壳聚糖复合涂层的物理模型，如图 3-26 所示。

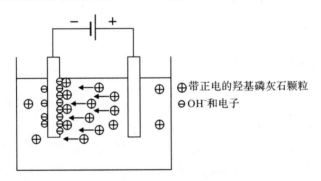

图 3-26　水热电泳沉积羟基磷灰石-壳聚糖涂层的过程示意图

3.8.3　建立羟基磷灰石-壳聚糖涂层的沉积动力学方程

根据以上建立的水热电泳沉积过程的物理模型可知，水热电泳沉积羟基磷灰石-壳聚糖涂层的沉积速率主要受悬浮液中带电颗粒的扩散速率和阴极（碳/碳复合材料）表面化学反应速率的制约。由 Fick 扩散第一定律和化学反应动力学一般原理可知，碳/碳复合材料表面单位面积上羟基磷灰石-壳聚糖涂层的生成速率（v_R）和羟基磷灰石颗粒的扩散速率（v_D），分别具有如下关系：

$$x_R = Kc \tag{3-5}$$

$$v_D = D \frac{\mathrm{d}c}{\mathrm{d}x} \Big|_{x=s} \tag{3-6}$$

式（3-5）和式（3-6）中：

　　c ——界面处粒子浓度；

K——化学反应速率常数；

x——带电颗粒的迁移距离；

D——带电颗粒在悬浮液中的扩散系数。

当水热电泳沉积体系达到稳定时，体系整体反应速率 v 可以表示为

$$v = v_R = v_D \qquad (3-7)$$

即　　$Kc = D\dfrac{\mathrm{d}c}{\mathrm{d}x}\mid_{x=s} == D\dfrac{c_0-c}{\delta}$ ，则

$$c = c_0/(1 + \frac{K\delta}{D}) \qquad (3-8)$$

$$\frac{1}{v} = \frac{1}{Kc_0} + \frac{1}{Dc_0/\delta} \qquad (3-9)$$

式(3-8)和式(3-9)中：

δ——扩散层厚度；

c_0——悬浮液浓度。

由式(3-9)可知，采用水热电泳沉积法制备羟基磷灰石-壳聚糖复合涂层的过程中，整体反应速率 v 为碳/碳复合材料表面单位面积上复合涂层生成速率的倒数和表面化学反应速率倒数之和。为了确定沉积过程的整体反应速率，首先应解决的问题是确定整个沉积过程中起主控作用的因素，若式(3-9)中的某一项起主导作用，那么在实际研究中即可忽略作用较小的另一项。通过参阅大量前人的实验研究得出，水热电泳沉积工艺的整体反应速率由扩散迁移速率控制，从而建立羟基磷灰石-壳聚糖涂层的沉积动力学方程，具体步骤如下：

假设悬浮液中的颗粒浓度在整个扩散过程中始终保持不变，并在界面层内存在扩散区。在水热电泳沉积过程中，迁移到扩散层中的带电颗粒的浓度分布遵循 Fick 扩散第二定律，故羟基磷灰石-壳聚糖涂层的沉积动力学方程可借助不稳定扩散求解问题分析。设未施加电压时，悬浮液中的颗粒浓度为 c_0，加入直流电场后，碳/碳复合材料表面沉积物的初始浓度为零，由此可得

$$\left.\begin{aligned} &\frac{\partial c}{\partial t} = D\frac{\partial^2 c}{\partial^2 x} \\ &t = 0; \quad x \geqslant 0, \quad c(x,t) = c_0 \\ &t > 0, \quad c(0,t) = 0 \end{aligned}\right\} \qquad (3-10)$$

设变量 $u = x/\sqrt{t}$ ，代入式(3-10)可得

$$\frac{\partial c}{\partial t} = \frac{\partial c}{\partial u}\frac{\partial u}{\partial t} = -\frac{\mathrm{d}c}{\mathrm{d}u}\frac{u}{2t} \qquad (3-11)$$

$$\frac{\partial^2 c}{\partial x^2} = \frac{\partial^2 c}{\partial u^2}\left(\frac{\partial u}{\partial x}\right) + \frac{\partial c}{\partial u}\left(\frac{\partial^2 u}{\partial x^2}\right) = \frac{1}{t}\frac{\mathrm{d}^2 c}{\mathrm{d}u^2} \qquad (3-12)$$

将式(3-11)和式(3-12)代入式(3-10)中，整理可得

$$2D\frac{\mathrm{d}^2 c}{\mathrm{d}u^2} + u\frac{\mathrm{d}c}{\mathrm{d}u} = 0 \qquad (3-13)$$

式(3－13)的通解为

$$c(x,t) = A\int e^{-\frac{u^2}{4D}}\,du + B$$

令 $\beta = \dfrac{u}{2\sqrt{D}} = \dfrac{x}{2\sqrt{Dt}}$，代入通解可得

$$c(x,t) = A\int_0^\beta e^{-\xi^2}\,d\xi + B$$

由方程式(3－10)给定的边界条件可知：

$$x \to \infty \Rightarrow \beta \to o, c(\infty,t) = A\frac{\sqrt{\pi}}{2} + B = C_0$$

$$x \to 0 \Rightarrow \beta = 0, c(0,t) = B = 0$$

计算出积分常数 $\qquad A = C_0 x\dfrac{2}{\sqrt{\pi}}; \quad B = 0$

由此得到扩散体系中扩散质点在任意时刻 t 的浓度分布函数：

$$c(x,t) = C_0\frac{2}{\sqrt{\pi}}\int_0^{\frac{x}{2\sqrt{Dt}}} e^{-\xi^2}\,d\xi \tag{3－14}$$

对式(3－14)求偏导，计算 $x=0$ 的扩散通量 J 为

$$J\mid_{x=0} = D\frac{\partial c}{\partial x}\mid_{x=0} = DC_0\frac{2}{\sqrt{\pi}}\left(\frac{1}{2\sqrt{Dt}}e^{\frac{x}{2\sqrt{Dt}}}\right)\mid_{x=0} = C_0\sqrt{D}/\sqrt{\pi t}$$

已知电流密度 $i = nFAJ\mid_{x=0} = nFAC_0\sqrt{D}/\sqrt{\pi t}$，式中 F 表示法拉第常数，A 表示面积，q 表示电量。

由 $i = \dfrac{dq}{dt}$ 可得

$$q = nFAC_0\sqrt{Dt}/(2\sqrt{\pi})$$

根据法拉第定律，复合涂层的沉积量与电荷成正比，则羟基磷灰石-壳聚糖复合涂层的沉积量可表示为

$$x = \text{Const}\sqrt{Dt} \tag{3－15}$$

根据式(3－15)，做复合涂层的沉积量 x 与时间 t 的开平方的曲线，若这两者之间满足线性关系，则说明水热电泳沉积羟基磷灰石-壳聚糖涂层的沉积速率主要由颗粒扩散迁移过程控制。

3.8.4　验证羟基磷灰石-壳聚糖涂层的沉积动力学方程

为了说明水热电泳沉积羟基磷灰石-壳聚糖涂层的沉积速率主要由颗粒扩散迁移过程控制，设计相关实验进行验证。在水热温度为 $120\,℃$，沉积电压为 $30\sim50\ \text{V}$ 及含有 $8\ \text{g/L}$ 羟基磷灰石粉体和 $0.5\ \text{g/L}$ 壳聚糖的悬浮液中进行电泳沉积，通过测量碳/碳复合材料沉积前后的质量，计算出复合涂层的沉积量，并做出沉积量与相应时间二次方根的关系曲线图，如图 3－27 所示。

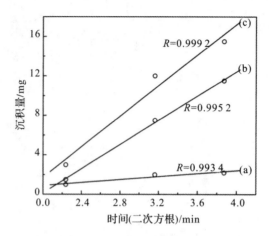

图 3 - 27   不同沉积电压下复合涂层沉积量与时间二次方根的关系图

(a)$U = 30$ V；(b)$U = 40$ V；(c)$U = 50$ V

从图 3 - 27 中可以看出,复合涂层的沉积量与时间二次方根间符合线性关系,且线性相关性较高,这说明水热电泳沉积羟基磷灰石-壳聚糖涂层的沉积过程由扩散迁移过程控制。

3.8.5   水热电泳沉积羟基磷灰石-壳聚糖涂层的沉积活化能研究

图 3 - 28 表示水热温度分别为 353K,373K 和 393K 时,不同沉积时间内羟基磷灰石-壳聚糖复合涂层的单位面积沉积量随水热温度的变化关系。由图 3 - 28 可知,当沉积时间相同时,复合涂层的单位面积沉积量随水热温度升高而增加,这主要是因为水热温度升高使得粒子扩散系数按指数规律增加,悬浮液中带电粒子的扩散速率加快,从而增大复合涂层的单位面积沉积量。从图 3 - 28 还可以看出,复合涂层的单位面积沉积量与沉积时间之间呈近似线性关系,直线的斜率就是各水热温度下复合涂层的沉积速率 K,并且沉积速率 K 随着水热温度的升高而增大,这主要是由于水热温度升高使得粒子扩散作用增强,悬浮液中的带电粒子能够快速扩散到碳/碳复合材料表面,有利于增大复合涂层的沉积速率。

根据阿仑尼乌斯方程

$$K = K_0 \exp(- \frac{E_a}{RT}) \tag{3-16}$$

式(3 - 16)中:

K —— 涂层的沉积速率；

K_0 —— 指数因子；

E_a —— 反应活化能；

R —— 气体常数；

T —— 反应温度。

将式(3 - 16)两边取对数可得

$$\ln K = - \frac{E_a}{RT} + \ln K_0 \tag{3-17}$$

由式(3-17)可知，$\ln K$ 与 $\dfrac{1}{T}$ 的直线斜率为 $-\dfrac{E_a}{R}$，根据线性拟合后的数据即可求出反应活化能 E_a。

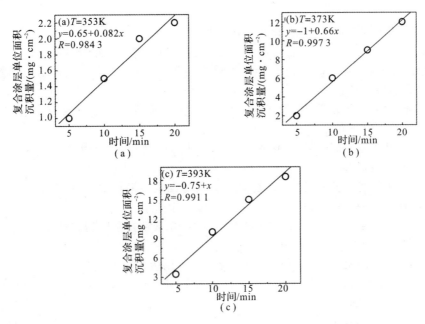

图 3-28　不同水热温度下复合涂层单位面积沉积量与沉积时间的关系
(a)$T = 353K$；(b)$T = 373K$；(c)$T = 393K$

图 3-28 的实验数据经过计算可以得到 $\ln K$ 与 $1/T$ 的关系图，如图 3-29 所示。经数据拟合，$\ln K$ 与 $1/T$ 之间符合线性关系，相关系数较高($R=0.975\ 6$)，并且计算出采用水热电泳沉积法在碳/碳复合材料表面制备羟基磷灰石-壳聚糖复合涂层的活化能 E_a 为 43.58 kJ/mol，其高于熊信柏等采用声电沉积法在碳/碳复合材料表面制备纯羟基磷灰石涂层的活化能 30.3 kJ/mol 和朱广燕等采用水热电沉积法在碳/碳复合材料表面制备纯羟基磷灰石涂层的活化能 25.89 kJ/mol。

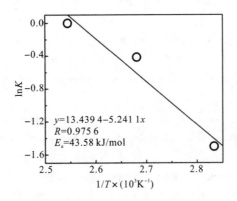

图 3-29　$\ln K$ 与 $1/T$ 的关系曲线

参 考 文 献

[1] 蒋挺大. 甲壳素[M]. 北京:化学工业出版社,2003.

[2] 徐君义. 21世纪是甲壳素世纪吗?[J]. 中国科技信息,1998(12):11-13.

[3] 夏文水,陈洁. 甲壳素和壳聚糖的化学改性及其应用[J]. 无锡轻工业学院学报,1994(2):162-171.

[4] 杨军,陈治清. 壳聚糖-羟基磷灰石复合材料修复骨缺损的实验研究[J]. 口腔医学研究,1992(1):6-8.

[5] 朱秀梅. 肝素钠局部注射治疗眼睑黄色瘤的临床观察[J]. 中国麻风皮肤病杂志,2004,20(2):192.

[6] 王淑华,张新房,祝美华,等. 复方硫酸软骨素滴眼液的含量测定[J]. 中国药师,2013,16(6):923-926.

[7] 程先苗,李玉宝,张利,等. 纳米羟基磷灰石/壳聚糖复合膜的制备和表征[J]. 功能材料,2008,39(6):983-986.

[8] 张忠诚. 水溶液沉积技术[M]. 北京:化学工业出版社,2005.

[9] Pang X,Zhitomirsky I. Electrophoretic deposition of composite hydroxyapatite-chitosan coatings[J]. Materials Characterization,2007,58(4):339-348.

[10] Eliaz N,Sridhar T M,Kamachi M U,et al. Electrochemical and electrophoretic deposition of hydroxyapatite for orthopaedic applications[J]. Surface Engineering,2005,21(3):238-242.

[11] 周海佳,刘雪芹,苏庆. 电泳沉积制备功能薄膜材料研究进展[J]. 材料导报,2008(S2):311-315.

[12] 赵建玲,王晓慧,郝俊杰,等. 电泳沉积及其在新型陶瓷工艺上的应用[J]. 功能材料,2005(2):165-168.

[13] 冯绪胜,刘洪国,郝京诚. 胶体化学[M]. 北京:化学工业出版社,2005.

[14] Sarkar P,Nicholson P S. Electrophoretic deposition (EPD):mechanisms,kinetics,and application to ceramics [J]. Journal of the American Ceramic Society,1996,79(8):1987-2002.

[15] Fukada Y,Nagarajan N,Mekky W,et al. Electrophoretic deposition-mechanisms,myths and materials[J]. Journal of Materials Science,2004,39(3):787-801.

[16] Hamaker H C. Formation of deposition by electrophoresis[J]. Transactions of the Faraday Society,1940(36):279-283.

[17] Grillon F,Fayeulle D,Jeandin M. Quantitative image analysis of electrophoretic coatings[J]. Journal of Materials Science Letters,1992,11(5):272-275.

[18] 叶佩文. 硅酸盐物理化学[M]. 南京:东南大学出版社,1998.

[19] Xiong X,Li H,Zeng X,et al. Deposition kinetics of apatite coating on CVI carbon/carbon composite by sonoelectrodeposition technique [J]. Rare Metal Materials & Engineering,2006,35(9):1418-1423.

第4章
羟基磷灰石-聚丙烯酰胺生物复合涂层

目前国内外对生物涂层的研究中,多相复合涂层和梯度陶瓷涂层具有很大的发展空间和潜力。然而由于制作工艺的不完善使得涂层中存在许多缺陷,涂层与基体的结合性不好,这大大降低了涂层材料的实际使用效果。因而开发新的涂层工艺,在低成本下简单高效地制备多相复合涂层和梯度陶瓷涂层,成为碳/碳复合材料表面制备生物涂层研究的重点。

本章主要研究采用水热电泳沉积法在碳/碳复合材料表面制备羟基磷灰石-聚丙烯酰胺(Polyacrylamide)生物涂层的制备工艺以及沉积动力学。作为涂层材料,羟基磷灰石具有较高的生物活性;聚丙烯酰胺具有良好的生物相容性和较高的黏性;作为基体材料,碳/碳复合材料具有很好的力学匹配性和生物相容性;作为沉积工艺,水热电泳沉积法的优点集中表现在沉积速率高、沉积条件温和,没有基体的热损伤、对基体形状无要求、制备涂层一次完成,无需后续热处理等方面。

本章主要包括两方面的内容:一是研究用水热电泳沉积方法制备羟基磷灰石-聚丙烯酰胺涂层的沉积工艺,如羟基磷灰石悬浮液稳定性的分析、悬浮液中加碘量与悬浮液电导率大小的关系、沉积电压、温度、时间以及悬浮液固的质量分数等对羟基磷灰石-聚丙烯酰胺复合涂层显微结构以及性能的影响;二是研究羟基磷灰石-聚丙烯酰胺复合涂层的沉积动力学。

4.1 聚丙烯酰胺概述

聚丙烯酰胺的分子式为 $\begin{array}{c} -\!\!\!\!\!-\!(CH_2\!\!-\!\!CH)_n\!\!-\!\!\!\!\!- \\ | \\ C\!\!=\!\!O \\ | \\ NH_2 \end{array}$,是由 $CH_2\!\!=\!\!CH\!\!-\!\!\overset{\displaystyle \|}{\underset{O}{C}}\!\!-\!\!NH_2$ 在一定条件下聚合而成的。

聚丙烯酰胺为易溶于水的、具有吸湿性的白色粉末,无毒,不溶于一般的有机溶剂(例如苯、酯类以及丙酮等)。其在100℃时热稳定性好,但是当加热温度过高(150℃以上)时便会分解出氮气。聚丙烯酰胺的玻璃化温度为153℃。

到目前为止,聚丙烯酰胺在我国生物学方面的应用主要是以水凝胶的形式作为软组织填充等方面。本节主要是利用聚丙烯酰胺的黏性将其作为黏合剂用于生物涂层的内层,起到提高基体与外涂层结合强度的作用,这方面的研究目前还没有相关报道,因此,具有很大的研究空间。

4.2 羟基磷灰石-聚丙烯酰胺生物复合 涂层制备工艺

1. 碳/碳复合材料沉积基体的制备

碳/碳复合材料基体选用飞机刹车盘用的 2D 碳/碳复合材料,经金刚切割机大概切割成 10 mm×10 mm×2 mm 大小的基片,然后依次采用 240 号、600 号和 1 000 号砂纸对其进行去尖角、粗磨及细磨处理,最后经金相试样抛光机抛光,使其尺寸大小基本保持在 10 mm×10 mm×2 mm。将抛光后的基片依次置于纯净水、无水乙醇中分别超声清洗 20 min,最后用无水乙醇反复冲洗,烘干后即可作为沉积基体备用。

2. 丙烯酰胺水溶液的配制

常温下称取一定质量的丙烯酰胺单体以及亚硫酸氢钠、过硫酸铵引发剂,缓慢溶于一定量的水溶液中,常温下不断搅拌,配制 75 g/L 的丙烯酰胺水溶液,待完全溶解后,置于常温下避光保存(注意:不能让温度升高,否则丙烯酰胺单体将会发生聚合反应使得反应提前进行,导致后续沉积过程的失败),备用。

3. 实验方法与过程

水热电泳沉积法制备羟基磷灰石-聚丙烯酰胺生物复合涂层的工艺过程主要包括纳米羟基磷灰石粉体的制备、丙烯酰胺水溶液的配制、羟基磷灰石悬浮液的配制、碳/碳复合材料基片的预处理和水热电泳沉积五部分,具体如图 4-1 所示。

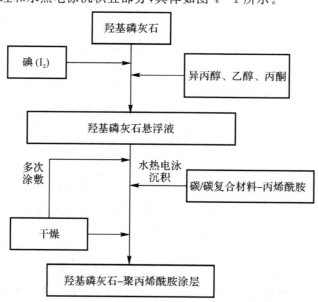

图 4-1 水热电泳沉积法制备羟基磷灰石-聚丙烯酰胺涂层的工艺流程图

纳米羟基磷灰石粉体的制备:以 $Ca(NO_3)_2 \cdot 4H_2O$,$(NH_4)_2HPO_4$,$NH_3 \cdot H_2O$,$CO(NH_2)_2$ 为原料,采用声化学法合成纳米尺寸的羟基磷灰石粉体。

丙烯酰胺水溶液的配制:以蒸馏水、丙烯酰胺单体、$NaHSO_3$、$(NH_4)_2S_2O_8$ 为原料,于常温下配制 75 g/L 的丙烯酰胺水溶液,引发剂用量为体积的 10%,丙烯酰分数为单体、引发剂完全溶解于蒸馏水中后,于常温下避光保存备用。

羟基磷灰石悬浮液的配制:称取适量自制纳米羟基磷灰石分散在异丙醇的锥形瓶中,磁力搅拌 3 h 后,加入一定量的碘单质继续磁力搅拌 10 h,陈化 1 h,以便使悬浮颗粒充分带电,最后得到带有正电荷的羟基磷灰石悬浮液。

碳/碳复合材料基片的预处理:将碳/碳复合材料基片置于浓硝酸溶液中于室温下浸泡 24 h,取出后放入电热恒温鼓风干燥箱内于 100℃ 下烘干后取出即可。然后置于所配制的丙烯酰胺水溶液中,超声振荡 30min 后取出备用。

羟基磷灰石-聚丙烯酰胺复合涂层的制备:将上述悬浮液放入水热电泳沉积反应装置中(填充度为 65%),以石墨为阳极,表面改性处理后的碳/碳复合材料基片为阴极,并将反应装置置于精密恒温烘箱中,控制沉积电压、水热温度、沉积时间、沉积电流等制备复合涂层试样。

4.3 水热电泳沉积法制备羟基磷灰石－聚丙烯酰胺涂层的影响因素

采用水热电泳沉积法在碳/碳复合材料表面制备羟基磷灰石-聚丙烯酰胺生物复合涂层的影响因素有很多方面,主要包括:①水热沉积电压:外接直流恒电压为带电颗粒向电极表面移动提供了动力,因此,当升高水热沉积电压时,带电颗粒向电极表面移动的驱动力增大导致颗粒沉积速率加快,在一定时间内涂层的沉积量和涂层的致密性也随之变得较好,但是,电压不是越大越好,当水热沉积电压超过一定的范围时,将会导致涂层脱落、表面粗糙多孔等现象,本实验选用的水热沉积电压范围在 90~170 V 之间。②水热沉积温度:本章中,水热温度主要起到两方面的重要作用:一是提供丙烯酰胺发生聚合反应的温度;二是在沉积过程中,提高荷电粒子向电极表面的移动速率,在保证其他工艺参数不变的情况下,温度的升高加快了荷电粒子向电极表面扩散的速率,使得涂层的沉积量增大,同时,涂层的致密性也相应提高,但是,过高的温度会导致沉积上去的涂层被剧烈沸腾的悬浮液以及快速迁移的荷电粒子冲击而发生脱落,同时,温度过高,聚丙烯酰胺也会发生化学变化而失去其本身的黏合剂作用,因此,本实验中选择的温度范围在 80~160℃ 之间。③电泳沉积时间:电泳沉积是一个反应较快的过程,因此,沉积时间应该合理选择,在合适的沉积时间内,随着沉积时间的增长,涂层的厚度、均匀性等都会变得更好,沉积时间超过上限时,荷电粒子将停止继续沉积,涂层长时间浸泡在溶剂中会造成涂层的脱落,本实验选择的沉积时间在 0~360 s 之间。④悬浮液中羟基磷灰石的浓度:悬浮液中羟基磷灰石的浓度数的选择受两个方面的制约:一是要有一定的羟基磷灰石的浓度保证电泳沉积能够发生;二是要考虑悬浮液的稳定性。当羟基磷灰石的浓度超过一定范围时,就会发生羟基磷灰石的沉降,导致悬浮液不稳定,本章中,羟基磷灰石的浓度在 15% 以下时(其他条件保持不变),随着羟基磷灰石浓度的增加,涂层的沉积量和致密性以及涂层的结合强度都会提高。⑤电导率:电导率是保证电泳沉积发生的基本条件。提高悬浮液的电导率,有利于涂层的沉积,在本章中,悬浮液中加入适量的碘能够大幅度提高溶液体系的电导率,这主要是因为碘跟异丙醇发生了化学反应导致溶液中产生了更多的氢离子,这样,有利于羟基磷灰石更多的吸附氢离子而提高整个电泳沉积的浓度,但是,电导率过高会破坏悬浮液的稳定性而使得电泳沉积失败。⑥悬浮液的 pH:悬浮液的 pH 直接影响着反应能否进行,本实验中,体系的 pH 应该保持在酸性条件下。⑦极间距离与电极面积比:极间距离的大小影响着沉积过程中反应的电阻大小,进而影响着复合涂层的沉积量。上述七个影响因素皆为整个沉积过程中的重要参数,它们直接影响着羟基磷灰石-聚丙烯酰胺生物复合涂层的表面形貌、组成结构、涂层性能以及涂层与基体的界面结合情况等。

4.3.1 涂层的组分和结构

图 4-2 为采用声化学法制备的纳米羟基磷灰石粉体的 XRD 图谱。和羟基磷灰石的标准谱图对比可知,主要衍射峰((002)(112)(211)与标准谱图完全一致,这说明了所制备的羟基磷灰石纯度较高,经 Sherrer 公式计算可得,所制备粉体的平均晶粒尺寸为 9 nm。

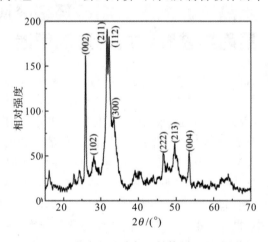

图 4-2　纳米羟基磷灰石粉体的 XRD 图谱

图 4-3 为所制备的纳米级羟基磷灰石的 TEM 照片,纳米级的羟基磷灰石晶粒呈均匀分散的颗粒状结构,团聚较少,尺寸均匀,平均粒度在 8~15 nm 之间,与之前的 XRD 分析结果基本吻合。

量取异丙醇、丙酮及乙醇溶剂各 150 mL 于锥形瓶中,称取三份相同质量的羟基磷灰石粉体分别悬浮于上述三种溶剂中,放入磁力搅拌器中搅拌 12 h 后,待羟基磷灰石粉体完全分散后再将上述三组悬浮液分别置于超声波振荡器中超声震荡 20 min 后取出(超声功率为 100 W),制得羟基磷灰石的异丙醇、丙酮和乙醇三组悬浮液。

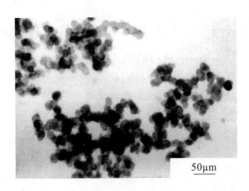

50μm

图 4 - 3 纳米羟基磷灰石粉体的 TEM 照片

将悬浮性能较好的羟基磷灰石的异丙醇悬浮液倒入水热反应釜中,使得水热反应釜的填充度控制在 70% 以下,然后将打磨好的一定尺寸的碳/碳复合材料固定在水热反应釜的阴极(石墨为阳极),密封反应釜,接通外接电源,控制一定的电压、反应温度和沉积时间来制备羟基磷灰石−聚丙烯酰胺生物复合涂层。

4.3.2 羟基磷灰石粉体在不同悬浮介质中的分散稳定性

DLVO 理论认为,悬浮颗粒之间的相互吸引力和它们之间的相互斥力两者之间的相对大小决定了悬浮液是否能够稳定存在。图 4 - 4 从实验的角度考查了羟基磷灰石在丙酮、异丙醇和乙醇三种溶剂中的稳定性大小,该图是根据文献中所讲的方法(粉末沉降体积百分比)来设计的,具体实验方法是:将不同悬浮介质分别与羟基磷灰石粉体混合,制得浓度为 15 g/L 的三组悬浮溶液,在超声功率为 100 W 的条件下分别超声分散 30 min 后,于 200 mL 容量瓶中测定沉降粒子体积与全部悬浮液的体积之间的百分数(q)随时间 t 的变化。结果表明,羟基磷灰石的分散稳定性从好到差依次分别为异丙醇、乙醇、丙酮。因此,后续实验选取异丙醇作为悬浮介质。

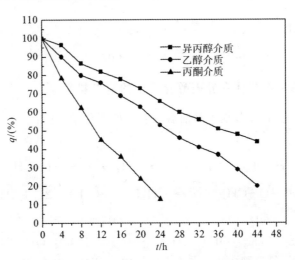

图 4 - 4 不同分散介质的悬浮液的沉降曲线

4.3.3 羟基磷灰石异丙醇悬浮液的电导率及 pH 与含碘量的关系

实验证明,在悬浮液中加入一定量的碘单质能够明显地提高悬浮液的电导率,而且悬浮液的 pH 对涂层的沉积效果有很大的影响。因而本实验考查了以异丙醇作为悬浮介质,羟基磷灰石悬浮液电导率及 pH 与含碘量的关系。结果如图 4-5 所示。

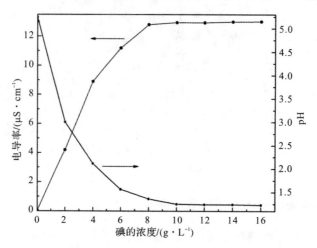

图 4-5　羟基磷灰石悬浮液电导率及 pH 与碘的浓度的关系

图 4-5 表明,随着碘加入量的增多,溶液的电导率也在增大,当碘的浓度为 8 g/L 时,溶液的电导率基本保持 13.00 μs·cm^{-1} 不变。溶液的 pH 也随着碘的加入发生了明显的变化,未加碘时,测得纯异丙醇的 pH 为 5.24,呈弱酸性;当碘的浓度为 8 g/L 时,溶液的 pH 为 1.24,呈明显的酸性。分析认为,未加碘时,溶液中的 H^+ 主要来自于异丙醇中羟基本身的电离;加入碘后,碘与异丙醇发生了化学反应,悬浮液中产生了更多的 H^+,即

$$CH_3-\underset{\underset{OH}{|}}{C}-CH_3 \xrightarrow{2I_2} CH_2I-\underset{\underset{OH}{|}}{C}-CH_2I + 2I^- + 2H^+ \qquad (4-1)$$

4.3.4 羟基磷灰石粉体在异丙醇介质中的荷电机理

根据图 4-5 分析,悬浮液加入碘前后发生了如下化学反应:

$$CH_3-\underset{\underset{OH}{|}}{CH}-CH_3 \longrightarrow CH_3-\underset{\underset{O^-}{|}}{CH}-CH_4 + H^+ \qquad (4-2)$$

$$CH_3-\underset{\underset{OH}{|}}{C}-CH_3 \xrightarrow{2I_2} CH_2I-\underset{\underset{OH}{|}}{C}-CH_2I + 2I^- + 2H^+ \qquad (4-3)$$

$$Ca_{10}(PO_4)_6(OH)_2 + H^+ \longrightarrow Ca_{10}(PO_4)_6(OH_2^+)_2 \qquad (4-4)$$

当没有加入碘时,悬浮液中 H^+ 主要来自异丙醇自身的电离,由于异丙醇的电离平衡常数较小,因而产生的 H^+ 不足以使羟基磷灰石颗粒带有足够的电荷;当加入碘后,碘与

异丙醇发生了酮烯醇反应,如式(4-4)所示,此悬浮液中产生的 H^+ 被羟基磷灰石颗粒吸附使其带正电,带正电的羟基磷灰石颗粒和溶液中的反离子 I^- 形成了双电层,具有一定的电势,其 ζ 电位为 36.7 mV。

4.4 水热沉积电压对涂层显微结构的影响

4.4.1 沉积涂层的 XRD 分析结果

图 4-6 为不同沉积电压下所制备涂层表面的 XRD 谱(悬浮液中羟基磷灰石的浓度为 15 g/L,沉积温度为 120℃,沉积时间为 6 min,碘浓度 $c_I=8$ g/L)。从图 4-6 可以看出,随着沉积电压的升高,涂层中羟基磷灰石的衍射峰先增强后减弱,且略微发生了向低角度方向的偏移,而聚丙烯酰胺的衍射峰却在逐渐减弱。如图 4-6 所示,在 2θ 为 15°～25°之间时,涂层中出现了聚丙烯酰胺的衍射峰,随着电压的升高,聚丙烯酰胺的衍射峰逐渐消失。这可能是因为电压的增大,所沉积羟基磷灰石晶向的质量分数也在增大,从而使得聚丙烯酰胺相的质量分数相对减小所致。在 $2\theta=30°$～40°之间,随着电压的增大,涂层中的 XRD 谱图中均出现了羟基磷灰石的几个特征衍射峰,且羟基磷灰石晶相的衍射峰呈现出先增强后减弱的趋势。分析认为,在电压的驱动下,电压越大,悬浮液中带正电荷的羟基磷灰石向基片表面的速率越快,但是当电压过大时,沉积速率过快使得涂层堆积不致密,涂层将变得松散,这也和后面的 SEM 分析结果相一致。

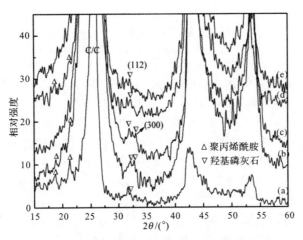

图 4-6 不同沉积电压时制备涂层的 XRD 图
(a) 110 V; (b) 130 V; (c) 150 V; (d) 170 V; (e) 190 V

4.4.2 羟基磷灰石-聚丙烯酰胺涂层的形貌

图 4-7 为不同沉积电压下(其他沉积条件不变)所沉积羟基磷灰石-聚丙烯酰胺涂层表面形貌。由图可以看出,当电压为 110 V 时,涂层表面比较松散[见图 4-7(a)],厚度也较小,基体未被涂层完全覆盖。当电压升高到 130 V 时,涂层表面的致密性和均匀性都有了明

显的改善。电压为150 V时，涂层的表面致密均匀，无明显裂纹等缺陷。但是继续升高电压，涂层表面缺陷明显增多，这与图4-6的XRD分析结果一致。当电压太大时，涂层的沉积速率太快，颗粒来不及紧密堆积便沉积于涂层表面，因此形成了局部沉积过量而局部沉积不足的现象，同时电压太高导致了电极处高压放电形成了比较松散且不均匀的表面层。

图4-7　不同沉积电压下所制备涂层表面的SEM照片
(a)110 V；(b)130 V；(c)150 V；(d)170 V；(e)190 V

图4-8为不同电压下涂层的断面扫描电镜图。电压为110 V时，涂层厚度为4～6 μm，涂层较薄且结构松散[见图4-8(a)]；当电压为130 V时，涂层厚度增加到12～15 μm，致密性显著提高[见图4-8(b)]；当电压升高到150 V时，涂层厚度、致密性、均匀性都达到最佳，如图4-8(c)所示，涂层厚度为20～25 μm。但是，随着电压的继续升高，涂层内部发生了明显的开裂，且结块现象随着电压的升高变得越为明显[见图4-8(d)(e)]，这可能是高电压下还同时发生了放电烧结所致。放电烧结后涂层会发生收缩，聚丙烯酰胺还会发生开裂。同时，从断面图中还可以看到，当沉积电压较小时(≤150 V)，使用聚丙烯酰胺增强的羟基磷灰石-聚丙烯酰胺复合涂层与基体之间结合紧密，没有裂纹的产生，说明了涂层与基体之间的结合状态较好，涂层与基体结合力分析测试也说明了这一点。

4.4.3　不同沉积电压下涂层与基体的结合强度

图4-9为不同沉积电压下涂层与基体的结合强度。表4-1为不同电压下涂层的脱落情况分析。从图4-9可以看出，随着沉积电压的升高，涂层与基体的结合强度呈现先增大后减小的趋势。在沉积电压为150 V时，涂层与基体的结合强度达到最佳，其值为19.10 MPa。这一数值，大于采用声电沉积/碱热处理复合工艺法制备的羟基磷灰石涂层与碳/碳复合材料的结合力(4.2 MPa)，接近于采用电泳沉积/高温处理法制备的羟基磷

灰石-Ti复合涂层与Ti基体的结合力(23.2 MPa)。沉积电压为110 V时,涂层的失效发生在涂层与基体界面处。当增大沉积电压到130 V时,涂层的脱落部分发生在涂层与基体的结合界面,部分沿着胶面断裂。当电压为150 V时,断裂发生在胶面处,这说明此条件下制备的涂层与基体的结合强度大于拉伸试验中涂层脱落时测得的拉伸力。当电压为170 V和190 V时,涂层的失效表现为内部脱落的方式。这与图4-8所观察到的涂层结构缺陷多,比较疏松有关。

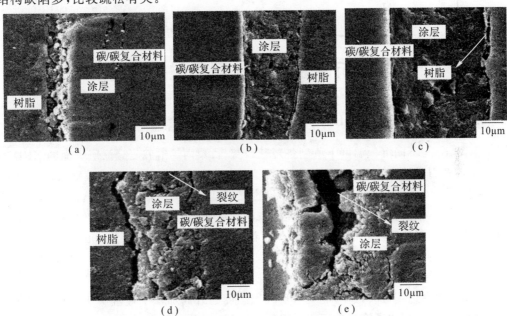

图4-8　不同沉积电压时所制备涂层的断面形貌

(a) 110 V;(b) 130 V;(c) 150 V;(d) 170 V;(e) 190 V

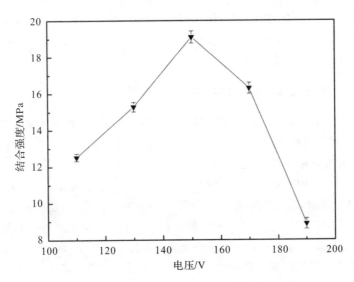

图4-9　不同沉积电压下涂层与基体的结合强度

表 4-1 涂层脱离基体方式

电压/V	脱离方式
110	涂层与基体界面
130	部分涂层与基体,部分胶面
150	胶面
170	涂层内部
190	涂层内部

4.5 水热沉积温度对涂层显微结构的影响

4.5.1 沉积涂层的 XRD 分析结果

图 4-10 为不同沉积温度下所制备羟基磷灰石-聚丙烯酰胺复合涂层表面的 XRD 图谱(羟基磷灰石的浓度为 15 g/L,沉积电压为 130 V,沉积时间为 6 min,碘浓度为 8 g/L)。从图 4-10 中可以看出,在 80~160℃的沉积温度范围内,羟基磷灰石晶相的衍射峰先增强后减小,最后基本消失,而聚丙烯酰胺的衍射峰则在温度较高的时候出现,随着沉积温度升高,羟基磷灰石晶相衍射峰有沿着(213)晶面生长的趋势。沉积温度为 80℃时,羟基磷灰石晶相的衍射峰稍弱,这可能是沉积温度较低,涂层比较薄所导致的。当沉积温度升高为 100℃时,羟基磷灰石晶相衍射峰有所增强。沉积温度为 120℃时,羟基磷灰石晶相衍射峰达到最大,这可能是由于沉积温度的升高加快了羟基磷灰石粒子向阴极移动的速率,从而加快了涂层的沉积。但是,如果继续升高温度时,涂层中羟基磷灰石晶向衍射峰逐渐减小甚至消失。当水热温度达到 160℃时,羟基磷灰石的衍射峰消失,而明显地出现了聚丙烯酰胺的衍射峰,这主要是因为水热条件下,温度过高导致聚丙烯酰胺玻璃化转变,使得羟基磷灰石很难与聚丙烯酰胺结合,因而羟基磷灰石沉积量较少,而聚丙烯酰胺则相对量增大。由此可见,当温度为 120℃时,所制备涂层较好,这与下面的表面及断面 SEM 分析结果是一致的。

4.5.2 羟基磷灰石-聚丙烯酰胺涂层的表面形貌

图 4-11 为不同沉积温度下(其他沉积条件保持不变)所制备羟基磷灰石-聚丙烯酰胺涂层的表面形貌。从图 4-11 可以看出,涂层表面由许多细小的颗粒状晶粒紧密堆积组成,涂层中没有发现明显的裂纹,说明了羟基磷灰石外涂层和聚丙烯酰胺内涂层之间热膨胀系数接近,在一定温度范围内不会导致应力产生。当沉积温度为 80℃时,涂层比较薄,如图 4-11(a)所示,这与图 4-10 中的沉积温度在 80℃下涂层衍射峰微弱是完全吻合的,涂层生的致密性和均匀性较差。随着沉积温度的升高[见图 4-11(b)(c)],涂层致密性和均匀性明显提高。进一步升高水热温度[见图 4-11(d)(e)],发现涂层的致密性明显下降,羟基磷灰石沉积量明显减少,部分区域出现了脱落现象。这主要是因为温度过高,一方面导致聚丙烯酰胺出现了玻璃化,失去了本身的黏性而使羟基磷灰石不能很好的

沉积上去,而且聚丙烯酰胺本身也发生了开裂,另一方面过高的温度破坏了悬浮液的稳定性,羟基磷灰石发生凝聚结块。

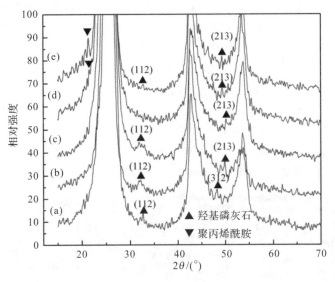

图 4-10　不同沉积温度下制备涂层的 XRD 图
(a)80℃;(b)100℃;(c)120℃;(d)140℃;(e)160℃

图 4-11　不同沉积温度下制备涂层的表面形貌
(a)80℃;(b)100℃;(c)120℃;(d)140℃;(e)160℃

4.5.3 羟基磷灰石-聚丙烯酰胺涂层的断面形貌

图 4-12 为不同沉积温度下(其他沉积条件保持不变)制备的涂层断面形貌。从图 4-12(a)(b)(c)可以看到,内外涂层之间结合紧密,没有裂纹等缺陷的产生,涂层厚度在 20~25 μm 之间,说明在合适的温度下,羟基磷灰石被聚丙烯酰胺分子的黏性紧紧地黏合在一起,使得涂层与基体之间的结合强度较高。随着温度的升高,涂层的厚度先变大后减小,在沉积温度为 120℃时,涂层的厚度达到最大值,同时涂层与基体之间的结合也达到最大,如图 4-12(c)所示。当温度继续升高(见图 4-12),内外涂层之间以及内涂层和基体之间明显出现了裂纹,且羟基磷灰石外涂层基本消失,这是由于温度过高破坏了内涂层聚丙烯酰胺的性能,使其失去黏性,加上温度过高,悬浮液爆沸使得羟基磷灰石不能沉积上去。这与图 4-11 的分析结果是一致的。

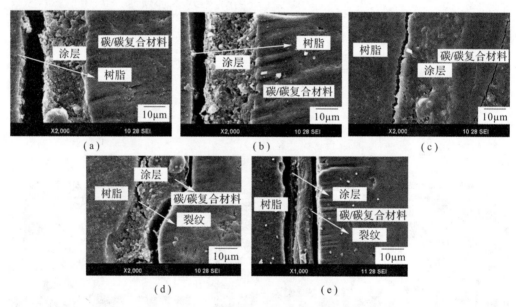

图 4-12　不同沉积温度下制备涂层的断面形貌
(a) 80℃;(b) 100℃;(c) 120℃;(d) 140℃;(e) 160℃

4.5.4 不同温度下羟基磷灰石-聚丙烯酰胺涂层与基体的结合强度

图 4-13 为不同沉积温度下(其他沉积条件不变)涂层与基体的结合强度。表 4-2 为不同温度下涂层的脱落情况分析。从图 4-13 可以看出,随着沉积温度的升高,涂层与基体的结合强度呈现先增大后减小的趋势。在沉积温度为 120℃时,涂层与基体的结合强度达到最佳,其值为 19.10 MPa。这一数值,大于采用声电沉积/碱热处理复合工艺法制备的羟基磷灰石涂层与碳/碳复合材料的结合力(4.2 MPa),接近于采用电泳沉积/高温处理法制备的羟基磷灰石-Ti 复合涂层与 Ti 基体的结合力(23.2 MPa)。沉积电压为

80℃时,涂层的失效发生在涂层与基体界面处。当增大沉积温度到100℃时,涂层的脱落部分发生在涂层与基体的结合界面,部分沿着胶面断裂。当温度为120℃时,断裂发生在胶面处,这说明此条件下制备的涂层与基体的结合强度大于拉伸试验中涂层脱落时测得的拉伸力。当电压为140℃和160℃时,涂层的失效表现为内部脱落的方式。这是与图4-13所观察到的现象是一致的。

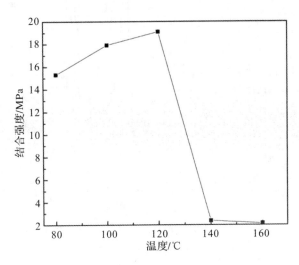

图4-13 不同沉积温度下涂层的结合强度

表4-2 涂层脱离基体方式

温度/℃	脱离方式
80	涂层与基体界面
100	部分涂层与基体,部分胶面
120	胶面
140	涂层内部
160	涂层内部

4.6 沉积时间对涂层显微结构的影响

4.6.1 沉积涂层的 XRD 分析结果

图4-14为不同沉积时间(沉积电压为130 V,沉积温度为120℃,悬浮液浓度为15 g/L,碘浓度$c_1=8$ g/L)条件下所制备的羟基磷灰石-聚丙烯酰胺复合涂层的 XRD 谱图。

从图中可以看出,随着沉积时间的增加,羟基磷灰石晶相的衍射峰峰形尖锐且完整,而且羟基磷灰石的(211)和(112)晶面的衍射峰明显增强,(213)晶面的衍射峰逐渐消失,整个羟基磷灰石-聚丙烯酰胺复合涂层的结晶性能变好。这说明适当延长沉积时间,有利于复合涂层的制备。

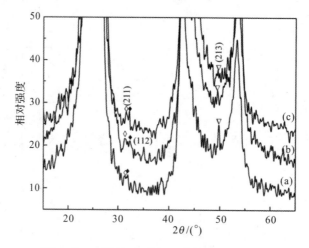

图 4-14　不同沉积时间下涂层的 XRD 谱图

(a)2 min;(b)4 min;(c)6 min

5.6.2　羟基磷灰石-聚丙烯酰胺复合涂层的形貌

图 4-15 为不同沉积时间下(其他条件保持不变)所制备的羟基磷灰石-聚丙烯酰胺涂层的 SEM 照片。从图 4-15(a)可以看出,沉积时间较短时,复合涂层的沉积量很少,部分表面还有未被羟基磷灰石覆盖的区域,其致密性和均匀性也相应很差。随着沉积时间的延长,涂层表面的羟基磷灰石颗粒逐渐增多,能够很好的将基体表面覆盖,使得羟基磷灰石-聚丙烯酰胺复合涂层的均匀性和致密性有很大的提高,如图 4-15(b)(c)所示,这与图 4-14 的分析结果一致。

图 4-15　不同沉积时间下涂层的 SEM 图

(a)2 min;(b)4 min;(c)6 min

图 4-16 为不同沉积时间下所制备的复合涂层断面的 SEM 照片。从图 4-16 可以看出,随着沉积时间的增加,涂层的厚度也在增加,沉积时间为 2 min 时,涂层厚度为 4～8 μm,且厚度不均,当沉积时间为 6 min 时,涂层的厚度达到 10 μm 以上,与基体结合紧密,涂层厚度均匀,这与图 4-15 的分析结果一致。且从图中可以看到,随着沉积时间的延长,涂层与基体之间的结合强度没有发生明显的变化,这与图 4-17 的结果也是一致的。这可能是由于在一定的沉积时间范围内,涂层的厚度还不足以影响涂层的结合强度,而沉积电压和沉积温度成为影响涂层厚度的主要因素。

(a)   (b)   (c)

图 4-16   不同沉积时间下涂层断面的 SEM 图

(a)2 min;(b)4 min;(c)6 min

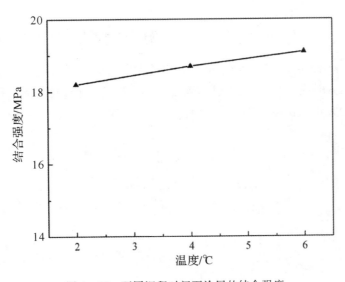

图 4-17   不同沉积时间下涂层的结合强度

4.6.3 羟基磷灰石-聚丙烯酰胺复合涂层单位面积沉积量与沉积时间的关系

图 4-18 是在不同沉积电压下复合涂层单位面积沉积量与沉积时间之间的关系曲线。由图 4-18 可以看出,在相同的沉积电压下,随着沉积时间的延长,复合涂层的单位面积沉积量呈现先快速增加后缓慢增加的趋势,但是沉积时间过长,涂层的单位面积沉积量有减少

的趋势。这主要是由于在沉积过程中,悬浮液的浓度是一个变化的过程,随着沉积时间的增长,悬浮液中羟基磷灰石的浓度逐渐减小,导致羟基磷灰石沉积量的减小,同时,当沉积时间大于 15 min 时,两极电势过低,不足以使得羟基磷灰石向阴极移动,已经沉积的涂层出现了反溶现象导致涂层沉积量有减小的趋势。从图 4 - 18 还可以看出,在相同的沉积时间下,羟基磷灰石-聚丙烯酰胺复合涂层的沉积量随着沉积电压的升高而增大。

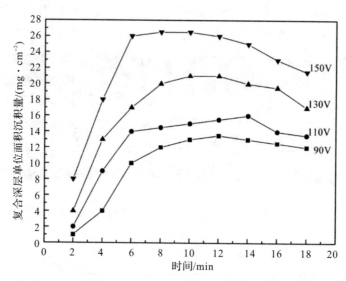

图 4 - 18   不同沉积电压下复合涂层单位面积沉积量与沉积时间的关系

依据 Chr Argirusis 的分析可知,电泳沉积过程中涂层的沉积厚度与时间存在式(4 - 5)的关系。式(4 - 6)成立时[本实验过程满足式(4 - 6),阳极与羟基磷灰石-聚丙烯酰胺基体间距离远远大于沉积层的厚度且悬浮液的电导率大于沉积层的电导率],式(4 - 5)可以转为式(4 - 7)。

$$d_s(t) = -\frac{\sigma_s d_1}{\sigma_1} + \sqrt{\frac{\sigma_s d_1}{\sigma_1} + \frac{2mU\sigma_s}{ze_0\rho_s}} \tag{4-5}$$

$$\frac{d_1}{d_s(t)} \gg \frac{\sigma_1}{\sigma_s} \tag{4-6}$$

$$\frac{\Delta m(t)}{A} = d_s(t) \cdot \rho_s = \left(\frac{2U\sigma_s m\rho_s}{Ze_0}t\right)^{1/2} \tag{4-7}$$

其中:

A ——沉积基体的表面积(cm^2);

d_1 ——阳极与基体间的距离(cm);

e_0 ——单位电荷(C);

m ——悬浮颗粒的平均质量(g);

ρ_s ——沉积层的有效密度(g/cm^3);

σ_1 ——悬浮液的电导率($\mu S/cm$);

σ_s ——沉积层的电导率(μS/cm)；

U ——电压(V)；

$d_s(t)$——沉积层的厚度(cm)；

Z ——悬浮颗粒的平均电价。

式(4-7)表明电泳沉积过程中涂层的沉积质量与时间的二次方根呈直线关系。

4.7 悬浮液浓度对复合涂层结构的影响

4.7.1 沉积涂层的 XRD 分析结果

图4-19是在羟基磷灰石浓度不同的悬浮液中制备的羟基磷灰石-聚丙烯酰胺复合涂层表面的 XRD 图谱。从图4-19中可以看出，随着羟基磷灰石的浓度的增加，涂层中羟基磷灰石的衍射峰明显增强，并且表现出一定程度的沿(112)和(213)晶面取向生长的趋势。而聚丙烯酰胺的衍射峰则随着羟基磷灰石浓度的增加相对减弱，这主要是因为当羟基磷灰石的浓度较低时(5 g/L)，一定时间、一定温度和电压下沉积到基体表面的羟基磷灰石相对较少，不足以完全遮盖聚丙烯酰胺的衍射峰。当羟基磷灰石的浓度达到15 g/L时，聚丙烯酰胺的衍射峰则明显相对减弱，羟基磷灰石的衍射峰则增强，但是当继续增加羟基磷灰石的浓度时，羟基磷灰石-聚丙烯酰胺复合涂层的衍射峰没有明显的变化，这是因为悬浮液在羟基磷灰石的浓度在一定范围内是稳定的，超过这一界限，过剩的羟基磷灰石不能悬浮起来，因而继续增大羟基磷灰石的浓度没有实际意义。这说明羟基磷灰石在一定的浓度范围内，提高悬浮液中羟基磷灰石的浓度有助于提高羟基磷灰石-聚丙烯酰胺涂层的结晶性能。

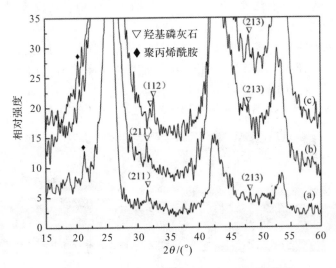

图4-19 不同悬浮液浓度下涂层的 XRD 谱图

(a)5 g/L；(b)10 g/L；(c)15 g/L

4.7.2 羟基磷灰石-聚丙烯酰胺复合涂层的表面形貌

图 4-20 为不同羟基磷灰石浓度条件下所制备的羟基磷灰石-聚丙烯酰胺复合涂层表面的 SEM 照片(羟基磷灰石的浓度为 5,10,15 g/L,沉积电压为 150 V,沉积温度为 120℃,沉积时间为 6 min,碘浓度 $c_1 = 8$ g/L)。随着羟基磷灰石浓度的增加,涂层的表面形貌发生了很大的变化,当羟基磷灰石的浓度较小时,涂层表面没有完全被涂层所覆盖,出现了局部有涂层、局部为基体表面的状况,适当增大羟基磷灰石粉体的浓度,如图 4-20(b)(c)所示,涂层的表面形貌得到了明显的改善,看不到基体外露,而且涂层紧密堆积在一起,形成了均匀、致密的涂层。这主要是因为增大羟基磷灰石的浓度,相同时间到达基体表面的羟基磷灰石颗粒较多,能够快速沉积在基体表面,并对基体完全覆盖使得涂层致密均匀。

图 4-20 不同悬浮液浓度下涂层表面的 SEM 图
(a)5 g/L;(b)10 g/L;(c)15 g/L

图 4-21 为在不同羟基磷灰石的浓度下所制备的羟基磷灰石-聚丙烯酰胺复合涂层的断面形貌(羟基磷灰石的浓度为 5 g/L,10 g/L,15 g/L,沉积电压为 150 V,沉积温度为 120℃,沉积时间为 6 min,碘浓度 $c_1 = 8$ g/L)。从图 4-21 中可以发现,悬浮液的羟基磷灰石的浓度对复合涂层的厚度和致密性有很大的影响,当羟基磷灰石的浓度较小时,由于单位时间内达到电极的颗粒较少,使得沉积在基体表面的涂层的量也相对较少,因此涂层的厚度较小。当增加羟基磷灰石的浓度时,也就是增加了单位时间内到达基体表面的羟基磷灰石颗粒,因此涂层的厚度增大,同时,羟基磷灰石的浓度的增加使得在沉积过程中迁移粉体的密度增大,从而导致涂层与基体之间的结合强度也随之增大。

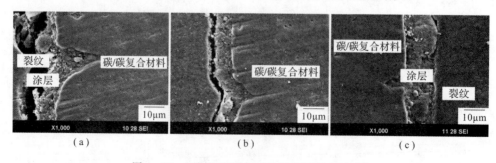

图 4-21 不同沉积时间下涂层断面的 SEM 图
(a)5 g/L;(b)10 g/L;(c)15 g/L

4.7.3 不同悬浮液浓度下羟基磷灰石-聚丙烯酰胺复合涂层的单位面积沉积量

图 4-22 为相同沉积电压、温度以及时间下复合涂层单位面积沉积量与悬浮液浓度之间的关系图。从图中可以看出，随着悬浮液浓度的增大，复合涂层单位面积沉积量与悬浮液浓度之间的关系类似于线性关系，这是由于当悬浮液中羟基磷灰石的浓度较高时，同一时刻到达电极表面的颗粒数目增多，从而导致了涂层单位面积沉积量的增加。

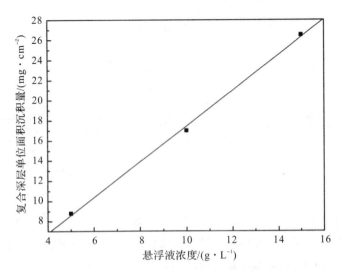

图 4-22　复合涂层单位面积沉积量与悬浮液浓度之间的关系

4.8　水热电泳沉积时间对沉积电流的影响

图 4-23 为水热电泳沉积时间与悬浮液中沉积电流大小之间的关系曲线，从图中可以看出，沉积时间在 0~20 s 之间，悬浮液中沉积电流成指数下降，这时悬浮液中的电流主要是由悬浮液中的 H^+ 形成，此时的电流对羟基磷灰石的沉积没有贡献。当沉积时间在 20~60 s 之间时，悬浮液中的电流变化趋势有所减小，这时，形成电流的荷电粒子由两部分组成，小部分的 H^+ 和一部分带正电的羟基磷灰石粒子，此时，基体表面开始沉积羟基磷灰石颗粒。当沉积时间大于 60 s 以后，悬浮液中的电流基本保持不变，此时向阴极移动的粒子主要是带正电的羟基磷灰石，是整个沉积的控制过程。

通过上述分析，制备羟基磷灰石-聚丙烯酰胺生物复合涂层的最佳工艺为：碘浓度 $c_I = 8$ g/L，沉积电压为 150 V，沉积温度为 120℃，羟基磷灰石悬浮液浓度为 15 g/L，沉积时间为 6 min。

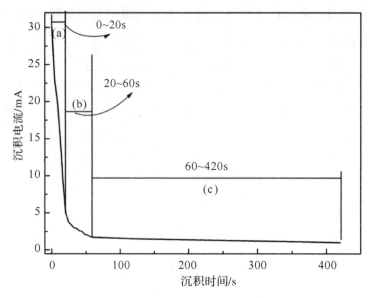

图 4-23　水热电泳沉积时间与沉积电流之间的关系

(a)0~20 s；(b)20~60 s；(c)60~420 s

图 4-24 和图 4-25 分别是该工艺条件下制备涂层的表面 SEM 照片和红外分析照片，从图 4-24 中可以看出，所制备涂层的表面致密均匀，无明显的颗粒团聚现象，涂层的红外中有羟基磷灰石（3 352 cm^{-1} 处 O—H 伸缩振动，1 028 cm^{-1} P—O 伸缩振动）和聚丙烯酰胺（2 975 cm^{-1}，2 932 cm^{-1} 处 NH$_2$ 伸缩振动，1 663 cm^{-1} C＝O 伸缩振动，1 615 cm^{-1} 处 N—H 弯曲振动，1 420 cm^{-1} 处 C—N 伸缩振动等）的特征吸收峰。

图 4-24　所制备涂层表面的 SEM 照片

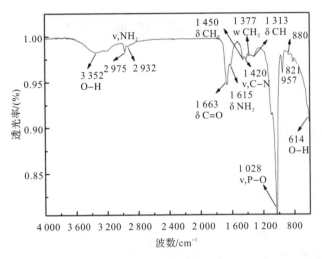

图4-25 所制备羟基磷灰石-聚丙烯酰胺复合涂层的红外谱图

表4-3是对图4-24加框处打出的EDS能谱图,从表4-3中显示的数据中可以看到涂层由C,N,O,Ca和P等元素组成,结合图4-25分析可得,所制备的复合涂层有羟基磷灰石和聚丙烯酰胺两相组成。

图4-26是该工艺条件下制备涂层的断面SEM照片,可以看出,涂层与基体之间结合紧密,没有裂纹等缺陷的产生,此时测得涂层与基体的结合强度为19.10 MPa。

图4-26 所制备涂层断面的SEM照片

表4-3 所制备涂层表面的EDS分析

元 素	(KEV)	质 量	误 差/(%)	原子摩尔分数/(%)
Ck	0.277	31.36	0.10	35.25
Nk	0.392	20.90	1.25	35.23
Ok	0.525	39.39	1.00	21.99
Cak	3.690	6.28	0.24	2.93
Pk	2.013	12.07	2.31	4.60
总含量				100

参 考 文 献

[1] HUANG J F, ZHANG Y T, ZENG X R, et al. Hydrothermal electrophoretic deposition of yttrium silicate coating on SiC – C/C composites [J]. Key Engineering Materials, 2008, 368 – 372(2):1291 – 1293.

[2] 邓飞. 碳/碳复合材料抗氧化涂层水热电沉积新技术研究[D]. 西安:陕西科技大学, 2007.

[3] ZHU G Y, HUANG J F, CAO L Y, et al. Preparation of hydroxyapatite coatings on carbon/carbon composites by a hydrothermal electrodeposition process[J]. Key Engineering Materials, 2008, 368 – 372:1238 – 1240.

[4] 罗致诚. 生物医学工程学[M]. 上海:上海科学技术出版社, 1989.

[5] 陈宗淇, 王光信, 徐桂英. 胶体与界面化学[M]. 北京:高等教育出版社, 2001.

[6] 方敏, 张宗涛. 纳米 ZrO_2 粉末的悬浮流变特性与注浆成型研究[J]. 无机材料学报, 1995(4):417 – 422.

[7] SARKAR P, XUENING H, PATRICK S. Nicholson. Structural ceramic microlaminates by electrophoretic deposition[J]. Journal of the American Ceramic Society, 2010, 75(10):2907 – 2909.

[8] 熊信柏, 李贺军, 黄剑锋, 等. 碳/碳复合材料表面声电沉积/碱热处理复合工艺制备羟基磷灰石生物活性涂层研究[J]. 稀有金属材料与工程, 2005(9):1489 – 1492.

[9] 倪军, 刘榕芳, 肖秀峰. 电泳沉积 HA/Ti 复合涂层的结合强度和热稳定性[J]. 稀有金属材料与工程, 2006, 35(1):119 – 122.

[10] ARGIRUSIS C, DAMJANOVIC T, Stojanovic M, et al. Synthesis and electrophoretic deposition of an yttrium silicate coating system for oxidation protection of C/C – Si – SiC composites[J]. Materials Science Forum, 2005, 494:451 – 456.

[11] 赵建玲, 王晓慧, 郝俊杰, 等. 电泳沉积及其在新型陶瓷工艺上的应用[J]. 功能材料, 2005, 36(2):165 – 168.

[12] 冯绪胜, 刘洪国, 郝京诚. 胶体化学[M]. 北京:化学工业出版社, 2005.

[13] Sarkar P, Nicholson P S. Electrophoretic deposition (EPD):mechanisms, kinetics, and application to ceramics[J]. Journal of the American Ceramic Society, 1996, 79(8):1987 – 2002.

[14] Fukada Y, Nagarajan N, Mekky W, et al. Electrophoretic deposition – mechanisms, myths and materials[J]. Journal of Materials Science, 2004, 39(3):787 – 801.

[15] Hamaker H C. Formation of deposition by electrophoresis[J]. Transactions of the Faraday Society, 1940, 36:279 – 283.

第5章
短切碳纤维增强羟基磷灰石-壳聚糖复合材料的研究

聚丙烯腈基碳纤维是 20 世纪 60 年代迅速发展起来的新型材料,既有碳材料的固有本性,又有纺织纤维的柔软可加工性,是新一代军民两用材料。因其具有质量轻、强度高、模量高、耐高温、耐腐蚀、耐磨、耐疲劳、抗蠕变、导电、导热、热膨胀系数小等优异性能,被广泛应用于卫星、运载火箭、战术导弹、飞机、宇宙飞船等尖端装备的制造,已成为航天航空工业中不可缺少的材料,而且广泛应用于民用工具的制造,如体育器材、建筑材料、医疗器械、运输车辆、机械工业等。

壳聚糖材料(CS)在医学上有广泛的生物医学用途如术后防黏连膜、药物控制释放载体、毒物吸附分离剂、骨科修复支架等。但是在三维棒材、板材方面研究很少。张建湘等制备了壳聚糖接骨钉,其抗张强度为 43.3 MPa,剪切强度为 46 MPa,而其他力学性能没有进一步报道。羟基磷灰石是天然骨组织的重要组成部分,因其良好的骨传导性和骨诱导作用常被用作骨替代材料。近年来的研究表明,将壳聚糖与羟基磷灰石复合,有助于提高壳聚糖材料的强度,提高材料的骨结合能力和生物相容性。涂献玉就证明碳纤维增强的壳聚糖材料有很好的生物相容性。万涛等曾用玻璃纤维增强聚甲基丙烯酸甲酯-羟基磷灰石复合材料取得了较好的效果。本章则采用短碳纤维来增强壳聚糖-纳米羟基磷灰石复合材料,研究系列工艺因素对碳纤维增强羟基磷灰石-壳聚糖复合材料结构与性能的影响,最终获得有益的结果。

5.1　碳纤维增强羟基磷灰石-壳聚糖复合材料的制备

5.1.1　复合材料的制备

称取一定量的丙烯腈基碳纤维用浓硝酸预氧化处理 $30 \sim 60$ min,然后用二甲基亚砜浸泡 12 h,干燥后备用。为了对比,采用两种方法来制备碳纤维增强羟基磷灰石-壳聚糖复合材料。

原位杂化法的实验过程是取适量处理过的丙烯腈基碳纤维置于盛有 40mL 2%(体积比)乙酸溶液的烧杯中,按 $n(Ca):n(P)=1.67$ 的比例加入 $Ca(NO_3)_2$、K_2HPO_4 两种药品,强烈搅拌,待药品溶解完全和碳纤维分散完全后,再加入干壳聚糖粉末配制成 4%(质量比)的乙酸溶液,强烈搅拌,静置脱泡 3 h,然后把脱泡后的溶液倒入特制的模具中。把模具放在质量分数为 5% 的 NaOH 凝固液中浸泡 48 h,将形成的凝胶放在 60 ℃的真空干燥箱中干燥、固化。

共混法的实验过程是取适量处理过的纤维置于盛有 40mL，2%（体积分数）的乙酸溶液的烧杯中，加入一定量声化学合成的纳米羟基磷灰石，强烈搅拌，待纤维分散完全，再加入一定量 CS 强烈搅拌，静止脱泡后，将溶液倒在成型模具中。把模具放在凝固液中浸泡 48 h，将形成的材料干燥、固化。所得试样经打磨、抛光后，进行分析测试。

5.1.2 分析测试

利用荷兰 PHILIPS XL20 高分辨扫描电镜和日本 JSM-5800 扫描电镜对复合材料的断面微观形貌、耐疲劳测试的试样表面裂纹以及模拟体液浸泡试样的表面进行显微分析；采用德国 VECTOR-22 傅立叶红外光谱仪和日本理学 D/max-2200PC 型 X 射线衍射仪对复合材料的结构进行了表征；采用 PT-1036PC 万能材料试验机测试复合材料的弯曲强度。

5.2 结果分析与讨论

5.2.1 复合材料的 IR 及 XRD 分析

图 5-1 为所制备复合材料的红外光谱分析图。从图中可以看出，在（1 046.40 cm^{-1}，585.72 cm^{-1}）处的特征峰为[PO$_4$]基团的吸收峰，其来源于复合材料中的羟基磷灰石纳米粉体。1 287.17 cm^{-1} 处的吸收峰为[NH$_2$]基团的特征峰，是壳聚糖特征官能团。碳纤维表面含氧官能团主要有羟基和羧基，而且经处理的碳纤维表面羟基化。从图中还可以看出，该羟基的伸缩振动吸收谱带（3 400～3 500 cm^{-1}）之间形成了一个明显的双峰。这些分析结果说明所制备的复合材料由碳纤维、壳聚糖和羟基磷灰石三相所组成。

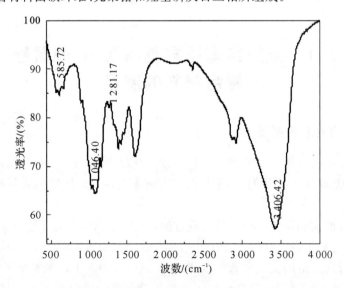

图 5-1 所制备碳纤维增强羟基磷灰石-壳聚糖复合材料的红外光谱图

图5-2为所制备复合材料的 XRD 分析图。从图中可以看出,在 2θ 角为 25.8°和 32.1°处出现了羟基磷灰石的衍射峰,证明复合材料里面有微晶羟基磷灰石存在;33.06° 出现衍射峰,为碳纤维的特征衍射峰;20.1°出现了壳聚糖微晶的特征衍射峰。这与红外 光谱的分析是基本吻合的,说明所制备的复合材料由壳聚糖、羟基磷灰石和碳纤维三相组 成,而且这三项均是有微弱结晶特征。

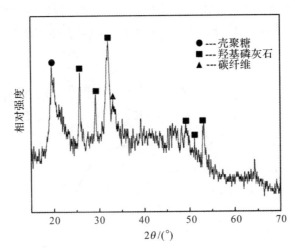

图5-2　碳纤维增强羟基磷灰石-壳聚糖复合材料 XRD 图谱

5.2.2　制备方法对复合材料性能的影响

图5-3为羟基磷灰石的质量分数与羟基磷灰石-壳聚糖复合材料的弯曲强度的关系 图。从图5-3中可以看出,用原位复合方法制备的纳米复合材料的力学性能优于共混制 备样品的力学性能,平均高 10~20 MPa。当羟基磷灰石-壳聚糖的质量比为 0.1 时,采用原 位复合的方法制备的复合材料的弯曲强度达到了 62.57 MPa,比松质骨高 2~3 倍(22 MPa),是密质骨的一半(134 MPa)。这是因为原位杂化法制备的复合材料里面羟基磷灰石 分布均匀、粒径小且不容易发生团聚现象,而采用共混法制备的材料中纳米羟基磷灰石粉体 容易发生团聚现象,羟基磷灰石分布不均匀。此外,还可能是由于采用原位成型方法时,纳 米羟基磷灰石粉体与壳聚糖之间产生了氢键等化学键合作用,从而提高了复合材料的强度。 从图5-3还可以看出,羟基磷灰石的质量分数对复合材料的性能有比较明显的影响,当羟 基磷灰石与壳聚糖的质量比达到 0.1 时,复合材料具有最大的抗弯强度。总之,采用原位杂 化法比共混法制备的复合材料具有更优越的力学性能,这可能是由于纳米羟基磷灰石的分 布不均匀而造成的。

5.2.3　碳纤维的质量分数对复合材料性能的影响

从图5-4中可以看出,随着碳纤维质量分数的增加,试样的弯曲强度先增大后减小, 当碳纤维的质量分数达到 3.5%时,复合材料的弯曲强度达到最大值 70.87 MPa。这是因为纤维增强复合材料的力学性能不仅取决于增强纤维和基体的特性,同时与纤维和基体间的界面结合强度有关。在复合材料受到外力的过程中,由于纤维和基体界面的协同作用,能够把应力转移到增强纤维上去,也正是由于这种载荷转移,使纤维在复合材料中起到一定的增强作用,同时增加了复合材料断裂时所需要的功,因而提高了复合材料的弯曲强度。继续增加碳纤维的质量分数,试样的弯曲强度呈现下降趋势。这是由于碳纤维的质量分数过高时,纤维在基体中会难以均匀分散,可能产生部分团聚现象,因而影响了增强纤维与基体间的界面结合,导致了复合材料的弯曲强度的下降。

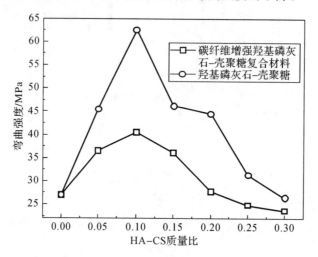

图 5-3 羟基磷灰石-壳聚糖与碳纤维增强羟基磷灰石-壳聚糖复合材料的弯曲
强度关系图(碳纤维的质量分数为 3%)

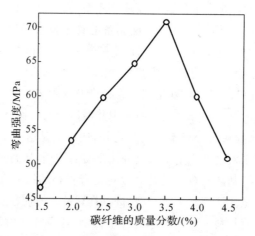

图 5-4 碳纤维的质量分数与碳纤维增强羟基磷灰石-壳聚糖复合材料弯曲强度关系图
(原位杂化法;羟基磷灰石与壳聚糖的质量之比为 1∶10)

图 5-5 为不同质量分数碳纤维复合材料试样断裂面的 SEM 照片。由图 5-5(a)可知,当纤维质量分数为 1.5% 时,纤维在羟基磷灰石-壳聚糖基体中的质量分数很低,断裂

面十分平整,并且没有发现气泡等缺陷,这说明所采取的合成工艺是合适的。从图5-5(b)中可以看出,当碳纤维质量分数为3%时,纤维在羟基磷灰石-壳聚糖基体中分布均匀,且没有发现气泡等缺陷。试样断裂后仅有少量纤维因被拔出而留下的孔洞以及纤维被部分拔出后断裂的现象。同时,断裂面层次分明,说明纤维与基体的结合是一个较好的界面结合,碳纤维起到了增强、增韧的效果。当材料受到外力作用时,基体可将外力有效地转移到纤维与基体间的界面上,缓解了基体的受力,提高了整个复合材料的强度和韧性。如图5-5(c)所示,随着碳纤维质量分数的继续增加,复合材料断裂面呈现粗糙表面形貌,基体发生多处断裂,断裂形式表现为典型的韧性断裂,在受到外力的过程中,纤维从基体拔出相对比较困难,从而可以吸收大量的能量,使得复合材料的韧性得到了进一步提高,这也与邹俭鹏等的研究结果类似。与此同时,由于碳纤维的质量分数较高引起纤维的团聚,复合材料的致密度有所降低,所以使得试样的弯曲强度有所下降。

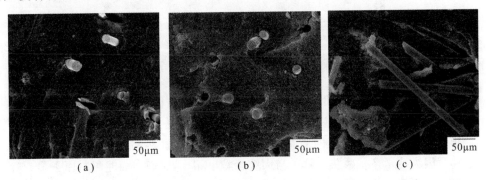

图5-5 不同碳纤维的质量分数碳纤维增强羟基磷灰石-壳聚糖复合材料试样断面的SEM照片
(a)碳纤维的质量分数为1.5%;(b)碳纤维的质量分数为3%;(c)碳纤维的质量分数为4%

5.2.4 羟基磷灰石与壳聚糖质量比对复合材料性能的影响

图5-6为单体比例羟基磷灰石-壳聚糖与碳纤维增强羟基磷灰石-壳聚糖复合材料试样的弯曲强度关系图。从图中可以看出,随着羟基磷灰石的质量分数的增加,试样的弯曲强度先增大后减小。在羟基磷灰石与壳聚糖的质量比为0~0.1范围内,试样的弯曲强度与羟基磷灰石与壳聚糖的质量比呈线性关系,当羟基磷灰石与壳聚糖的质量之比增加到0.1时,试样的弯曲强度达到最大值62.57 MPa。强度的增加是由于壳聚糖通过胺基与金属离子之间的相互作用可以形成壳聚糖-金属螯合物。复合材料FTIR光谱分析中壳聚糖的酰胺 I(1 655 cm^{-1})和酰胺 II(1 599 cm^{-1})谱带均向低波数方向移动,这可能是壳聚糖中的—NH_2与羟基磷灰石中的—OH之间的氢键作用以及—NH_2和 Ca^{2+} 之间的螯合作用引起的。继续增大羟基磷灰石的质量分数,复合材料的弯曲强度开始呈现下降的趋势。这主要是由于适量羟基磷灰石微粒的存在,在复合材料受力过程中,基体与分散相界面呈脱离状态,这时分散相粒子周围引起空化,吸收能量,从而起到对复合材料的增强作用。而随着羟基磷灰石质量分数的增加,分散无机粒子数量上升,分布不均匀,部分粒子会团聚在一起,形成较大的颗粒。而这些大的颗粒会成为材料内部的缺陷,导致材料的

力学性能急剧下降。

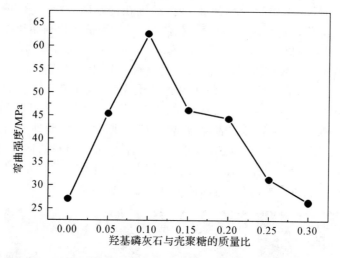

图 5-6　羟基磷灰石与壳聚糖的质量比与复合材料的弯曲强度关系图（碳纤维质量分数为 3%）

　　图 5-7 为羟基磷灰石的质量分数与羟基磷灰石-壳聚糖复合材料的压缩强度的关系图。从图中可以看出，随着羟基磷灰石的质量分数增加，复合材料的压缩强度是先增大后减小，当羟基磷灰石与壳聚糖的质量比为 0.1 时，复合材料的最大压缩强度是 59.55 MPa。其原因为纳米羟基磷灰石粒子与大粒径粒子相比，它们表面非配对原子多，与高分子有机物发生物理或化学结合的可能性大，也因此增强了粒子与基体的界面结合，因而可承担一定的载荷，具有增强增韧的可能。无机粒子的存在，产生应力集中效应，易引发周围基体发生微裂纹，吸收一定的形变功，使基体裂纹扩展受阻和钝化。压缩载荷有利于材料内部缺陷的压实和亚微观裂纹的闭合，导致了压缩强度对材料内部缺陷不敏感性。随着羟基磷灰石与壳聚糖的质量比增大到 0.1 之后，羟基磷灰石容易发生团聚，使之分布不均从而降低颗粒与基体的界面结合作用，导致其压缩强度的降低。

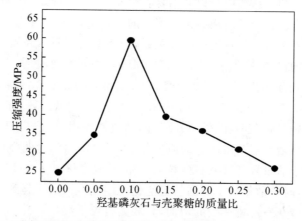

图 5-7　羟基磷灰石的质量分数与羟基磷灰石-壳聚糖复合材料的压缩强度关系图
（碳纤维质量分数为 3%）

图5-8为不同羟基磷灰石质量分数条件下所制备的复合材料试样断裂面的SEM照片。由图5-8（a）可知，当羟基磷灰石与壳聚糖的质量比为0.05时，断裂面十分平整，并且没有发现气泡等缺陷。从图5-8（b）中可以看出，当羟基磷灰石与壳聚糖的质量比为0.1时，羟基磷灰石在基体中分布均匀，也没有发现气泡等缺陷，试样断裂后仅有少量纤维被部分拔出后断裂的现象。同时，断裂面层次分明说明纤维与基体的结合是一个较好的界面结合，羟基磷灰石起到了增强、增韧的效果。当材料受到外力作用时，基体可将外力有效地转移到羟基磷灰石与基体间的界面上，缓解了基体的受力，提高了整个复合材料的强度和韧性。从图5-8(c)还可以看出，随着羟基磷灰石质量分数的继续增加，复合材料断裂面呈现粗糙表面形貌，基体发生多处断裂，断裂形式表现为典型的韧性断裂。这是由于在受到外力的过程中羟基磷灰石粒子产生的空穴吸收了大量的能量，使得复合材料的韧性得到了进一步提高。这也与吴茵等的研究结果类似。与此同时，由于羟基磷灰石的质量分数较高引起团聚导致复合材料的致密度有所降低，最终使得试样的弯曲强度有所下降。这与图5-7的力学性能分析相一致。

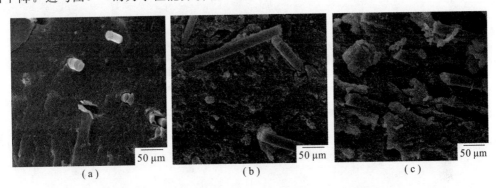

图5-8 不同羟基磷灰石条件下列制备质量分数复合材料试样断面的SEM照片
(a) 羟基磷灰石与壳聚糖的质量比为0.05；(b) 羟基磷灰石与壳聚糖的质量比为0.1；
(c) 羟基磷灰石与壳聚糖的质量比为0.2

参 考 文 献

[1] 马向军，张裕卿. 提高聚丙烯腈基碳纤维原丝质量的研究进展[J]. 合成纤维，2005，34(11):28-32.

[2] 张建湘，马卫东. 壳聚糖钉固定兔胫骨近端截骨的实验研究[J]. 生物医学工程学杂志，1998(2):179-182.

[3] ITOH S, KIKUCHI M, TAKAKUDA K, et al. The biocompatibility and osteoconductive activity of a novel hydroxyapatite/collagen composite biomaterial, and its function as a carrier of rhBMP-2[J]. Journal of Biomedical Materials Research, 2001(54):445-453.

[4] 涂献玉，高林，邓德明，等. 炭纤维增强壳聚糖内固定棒的研制及力学性能评价

[J]. 长江大学学报(自科版)医学卷，2005，2(12):333-335.

[5] 万涛，闫玉华，陈波，等. PMMA/HA - GF 复合材料[J]. 中国有色金属学报，2002，12(5):935-939.

[6] 王新，刘玲蓉，张其清. 纳米羟基磷灰石-壳聚糖骨组织工程支架的研究[J]. 中国修复重建外科杂志，2007，21(2):120-124.

[7] 吴茵，陈曙光，陈建兵，等. 聚苯酯对 Ekonol/POM 复合材料力学性能的影响[J]. 长沙大学学报，2007，21(2):44-46.

第6章
钛合金表面等离子喷涂纳米羟基磷灰石涂层研究

生物陶瓷是一种特种陶瓷材料,主要用于人体被损坏部分的修复和重建,包括对臀部、膝盖和牙齿等的替换等。

钛及钛合金因为具有较高的比强度、抗疲劳性能、优良的抗腐蚀能力和组织相容性,已被广泛应用于骨骼替代,并取得了良好的效果。Ti_6Al_4V 合金是具有优秀的抗高周疲劳性能的材料,能够用于承载部位的种植体材料,但是,在生物体液的长期作用下,Ti_6Al_4V 种植体将释放出 Al 和 V,有研究表明,Al 与无机磷相结合容易诱发老年痴呆症,V 进入人体容易引发慢性炎症,因此 Ti_6Al_4V 在应用于人体之前,应当预先经过表面处理解决有害元素的溶出问题。对钛及钛合金种植体植入人体后临床跟踪观察和体外浸泡法模拟腐蚀的研究发现,在生理环境的长期腐蚀下,金属离子向周围组织的扩散及植入材料本身性质退变,前者导致对生物体本身产生毒副作用,后者导致植入失效。而且由于金属种植体植入人体后不能与周围骨组织形成有效的化学键合,导致植入材料与人骨之间接界面上存在微动,从而影响了植入的安全性。因此,可以推断,单纯金属材料无法满足生物体内长期种植的要求。

在强度很高的生物惰性金属材料植入体表面制备具有脆性的羟基磷灰石涂层是一种在人体中使用这种钙磷化合物的非常有效的方法。羟基磷灰石涂层的优点是能够增进新骨的形成,提高植入体和骨间的结合,减少有害金属离子的释放和扩散。

等离子喷涂方法是热喷涂方法中的一种,而热喷涂方法自从20年代初被研制成功并发展至今,无论在技术上还是应用上都取得了重大的突破。热喷涂技术发展到20世纪90年代初,所喷涂层分为保护性涂层和功能性涂层两大类。保护性涂层主要用于耐磨、耐热、耐蚀的零部件及设备。而功能件涂层则主要用于电、磁、光、生物、机械等领域。在热喷涂中,等离子喷涂以其等离子火焰温度高,几乎能喷涂所有高温氧化物、陶瓷材料等优点得到了很快的发展。具体而言,等离子体技术是在20世纪50年代末随着低温等离子体法主技术的产生而形成的,进入20世纪70年代后期就得到了广泛应用。其利用等离子体作为热源,将某种线状或粉末状的喷涂材料加热至熔化或半熔化状态,并加速形成高速熔滴,将熔滴雾化并推动熔粒形成喷射的粒束,以一定的速度喷射到基体表面形成涂层的工艺方法,喷涂过程如图6-1所示。

热喷涂涂层形成过程要经历以下四个阶段,喷涂材料加热熔化阶段、熔滴雾化阶段、雾化颗粒飞行阶段和喷涂层形成阶段,如图6-2所示。雾化颗粒在飞行过程中,颗粒先被加速,而后随着飞行距离的增加而减速。当这些具有一定温度和速度的颗粒接触基体表面时,会以一定的动能冲击表面,产生强烈的碰撞。在产生碰撞的瞬间,颗粒的动能转化成热能传给基体,并沿着凸凹不平的表面产生变形,变形的颗粒迅速冷凝并产生收缩,成扁平状黏结在基体表面。在碰撞变形-冷凝收缩的过程中,变形颗粒与基体表面之间,以及颗粒与颗粒之间相互交错黏结在一起,从而形成涂层。

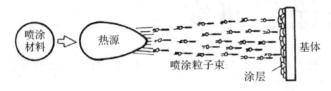

图 6-1 等离子喷涂过程示意图

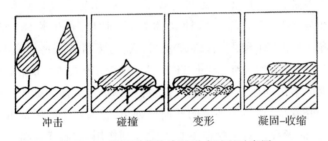

图 6-2 等离子喷涂涂层形成过程示意图

涂层的形成过程决定了涂层的结构。等离子喷涂硅酸钇涂层是由微小变形颗粒相互交错堆积而成的层状结构,故其内应力大,结构不稳定,涂层内存在微小的孔洞和裂纹。这些缺陷对于碳/碳复合材料的抗氧化而言是不利的。为了弥补这些缺陷,可以采用后期封孔的方法处理,使喷涂涂层表层致密化。

目前,等离子喷涂技术的发展很快,已经开发出的有气稳非转移直流等离子喷涂、电磁联合等离子喷涂、水稳等离子喷涂、可控气氛等离子喷涂、高速氧-燃气等离子喷涂、爆炸喷涂和超声速火焰喷涂等。随着热喷涂技术向高能、高速方向的发展,人们开发了低压等离子喷涂和超声速等离子喷涂技术。20世纪70年代初低压等离子喷涂技术具有低压(在真空室进行)、高能(电源功率在80～120 kW之间)及工件与枪的移动能够自动控制的特点。超声速等离子喷涂是美国布朗公司在1986年推出的一种新技术。由于形成了超高速、稳定集聚的超声速等离子焰流,喷涂颗粒可被有效快速加热,熔化充分,动能增加,"边界效应"减弱,故能形成高质量的涂层。目前,等离子喷涂工艺已经成熟,现在有能力控制和重现等离子喷涂参数。北京装甲兵学院等已引进这项技术,用其制备的陶瓷涂层性能明显比常规等离子喷涂涂层的好。其也被用来在植入体表面沉积羟基磷灰石涂层。与激光熔融法或物理气相沉积法等表面处理技术相比,等离子喷涂技术提供了一种相对简便并且经济的沉积薄涂层的方法。

等离子喷涂技术中,粒子尺寸和粒子形状对获得致密喷涂涂层至关重要。球形颗粒将提高从料仓到等离子喷枪的给料粉体的流动性,具有较窄的粒度范围和较小的粒子尺寸可以保证在等离子喷涂过程中所有物料保持相同的物理状态,这样在等离子喷涂过程中粒子会完全熔化。所以球形纳米非常适合在钛合金表面制备致密的羟基磷灰石涂层。由于采用声化学方法可以制备出球形颗粒的纳米羟基磷灰石,这为制备致密而结合良好的羟基磷灰石涂层提供了物质基础,因此,本章将采用之前声化学方法所制备的纳米羟基磷灰石粉体,在钛合金基体表面离子喷涂沉积羟基磷灰石生物涂层,并且研究所制备涂层的晶相组成、显微结构和理学性能。

6.1 钛合金表面等离子喷涂纳米羟基磷灰石涂层制备工艺

1. 纳米羟基磷灰石的合成

采用声化学合成方法制备羟基磷灰石纳米晶粉体的主要原料见表 6-1。其制备参数为 $n(Ca):n(P)$ 为 1.67、Ca^{2+} 浓度为 0.1 mol/L,反应温度达到 90℃,反应时间为 4 h,超声功率为 300 W。为了对比,还采用了市售 20～100 μm 的羟基磷灰石粉体进行喷涂实验。

表 6-1　等离子喷涂工艺参数

主电弧气(氩)压力	300 kPa
辅助气体(氦)压力	300 kPa
净能量	11 kW
粉料给料速率	16 g/min
喷涂距离	120 mm

2. 涂层的制备

采用等离子喷涂的方法来制备纳米羟基磷灰石涂层,纳米羟基磷灰石采用上述制备的粉体,为了对比,还采用了市售 20～100 μm 的羟基磷灰石粉体进行喷涂实验。喷涂时,用一个自动控制的 100 kW 直电流等离子喷涂枪(SG-100 Miller Thermal Inc.)将羟基磷灰石沉积在钛合金(Ti_6Al_4V)基体上。喷涂枪装备有一个先进的由计算机控制的闭环粉末进料器系统,氩气被用作主要的等离子合成气体,氦气用作辅助气体。喷涂过程中将钛合金试样固定在喷涂机座上,喷涂面经过抛光打磨后预先清洗干净。

喷涂结束后,需要将等离子喷涂制备的涂层试样进行热处理,热处理过程在真空高温管式炉中进行。真空度控制在 0.01 MPa,升温速率控制在 5℃/min,当温度升高到 800℃后,保温热处理 1 h,然后关闭电源,试样随炉自然冷却至室温。将试样从管式炉中取出,进行一系列测试。

6.2 钛合金表面等离子喷涂纳米羟基磷灰石涂层表征分析

6.2.1 涂层的 XRD 分析

图 6-3 为采用声化学合成工艺制备的羟基磷灰石粉体的 XRD 图谱。从图 6-3 中可以看出,所制备的粉体为羟基磷灰石,所有的衍射峰均和标准的 JCPDS 卡片吻合。这说明制备的粉体为单一的羟基磷灰石,没有其他杂质或者磷酸盐。通过谢乐公式计算其尺寸为 15 nm。这也被 TEM 分析测试所证明(见图 6-4)。

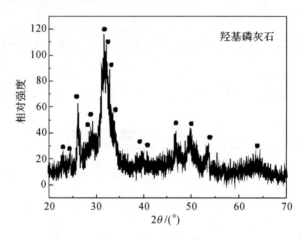

图 6-3　制备纳米羟基磷灰石的 XRD 图谱

图 6-4 为在 800℃温度下热处理 1 h 前后羟基磷灰石涂层的 XRD 图谱。从图中可以看出,等离子喷涂制备的涂层晶相组成为羟基磷灰石、$Ca_3(PO_4)_2$(TCP)和 $Ca_2P_2O_7$ 三相,这表明在高温喷涂过程中,羟基磷灰石纳米晶体发生了部分分解,这一结果和其他一些研究学者的研究成果一致。羟基磷灰石发生部分分解会导致涂层生物活性和稳定性的降低,这样涂的生物适应性也会大大降低,涂层材料和周边环境及组织的的生物相容性也会下降。基于此,有必要对喷涂涂层进行热处理。图 6-4 也展示了涂层经 800℃热处理后的晶相组成分析图。从图 6-4 中可以看出,热处理后羟基磷灰石的衍射峰强度明显增强,$Ca_3(PO_4)_2$(TCP)和 $Ca_2P_2O_7$ 的衍射峰逐渐明显减弱,强度非常弱。热处理后涂层的主晶相为羟基磷灰石,还含有少量的 $Ca_3(PO_4)_2$(TCP)和 $Ca_2P_2O_7$ 物相。这表明 800℃下的热处理对改进涂层中羟基磷灰石晶相组成和提高涂层的生物活性和稳定性是非常有益的。

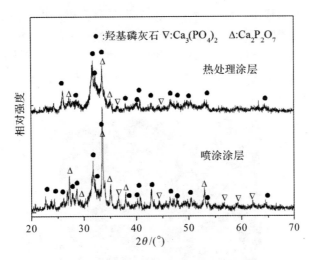

图 6-4　制备的纳米羟基磷灰石的 XRD 图谱

6.2.2　涂层的显微结构分析

图 6-5 为采用声化学方法制备的纳米羟基磷灰石粉体的 TEM 图。从图中可以看出,所制备的纳米纳米羟基磷灰石为球形颗粒,粒径为 10～20 nm 之间,这与 XRD 的分析结果是完全吻合的。从图 6-5 中还可以看出,所制备的纳米羟基磷灰石颗粒分散性较好,无团聚现象。这种颗粒的流动性很好,适合于采用等离子喷涂来沉积羟基磷灰石涂层。

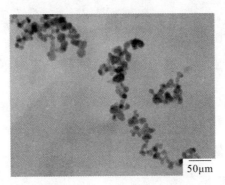

图 6-5　在 800℃下热处理 1 h 前后羟基磷灰石涂层的 TEM 图谱

将制备的羟基磷灰石粉体采用等离子方法喷涂到钛合金基体表面后,其表面显微结构如图 6-6 所示。可以看出,在钛合金基体表面形成了致密的羟基磷灰石涂层。从图 6-6中还可以看出,在高温喷涂过程中,由于喷涂温度较高,故而大部分羟基磷灰石发生了熔融现象。同时表面有一定的起伏,这是由等离子喷涂工艺所决定的。图 6-7 为所制备羟基磷灰石涂层断面的 SEM 图片。从图 6-7 中可以看出,涂层断面中没有发现明显的裂纹,整个断面看起来还是比较致密。由于在等离子喷涂过程中不可避免的会夹杂一定的气体,故而用等离子喷涂方法制备的涂层不可避免地在断面结构中会零星分布着一些微孔。和 Deram 等用粒径为 $50\sim150\ \mu m$ 的羟基磷灰石粉体进行等离子喷涂制备的羟基磷灰石涂层相比,本书采用声化学合成的纳米羟基磷灰石为粉体喷涂的涂层具有更加致密的断面结构。

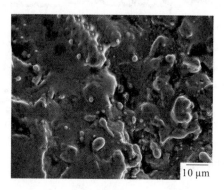

图 6-6 等离子喷涂制备羟基磷灰石涂层的表面 SEM 图片

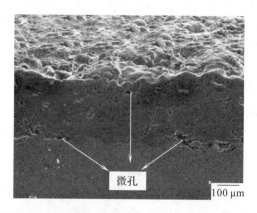

图 6-7 所制备羟基磷灰石涂层断面的 SEM 图片

6.2.3 涂层与基体的结合性能分析

从图 6-7 中还可以看出,等离子喷涂制备的羟基磷灰石涂层和钛合金基体间有非常好的界面结合。虽然在局部界面处可以看见若干 $5\sim20\ \mu m$ 的微孔,但涂层和基体间没有明显的裂纹。从外观看也没有因为热应力而发生了迸裂的现象。这说明所采用的喷涂工艺是完全合适的。

通过抗张结合强度的测试,羟基磷灰石涂层和钛合金基体间的抗张结合性能列于表 6-2 中。显然,和用商业微米级羟基磷灰石粉体作为原料制备的羟基磷灰石涂层相比,用纳米羟基磷灰石粉体制备的涂层和基体间具有更高的结合强度。采用微米级羟基磷灰石粉体制备的涂层与基体之间的结合力为 63 kPa,而采用纳米羟基磷灰石为喷涂粉体所制备的涂层与基体之间的结合力达到 217 kPa,几乎是微米级羟基磷灰石粉体制备的涂层的 3.5 倍。而且涂层的失效部位完全不同。采用微米级羟基磷灰石粉体制备的涂层的失效发生在涂层内部,这说明涂层的内聚力较差。涂层内部的结合力小于涂层与基体之间结合力,也小于树脂黏合剂与基体的黏合力。而采用纳米羟基磷灰石为喷涂粉体所制备的涂层失效发生在树脂与涂层界面处,这说明涂层内部的结合力以及涂层与基体之间的结合力大于树脂黏合剂与涂层表面的黏合力。如果采用其他黏合性能更好的树脂为黏合剂,则有可能所测量的结合强度更高。

表 6-2　羟基磷灰石涂层和钛合金基体表面附着性能

起始原料	涂层厚度 /μm	结合强度 /kPa	失效部位
商业羟基磷灰石粉体 (20～100 μm)	60～80	63	A
声化学合成的纳米羟基磷灰石粉体 (10～20 nm)	60～80	217	B

注:A:涂层内失效;

　　B:在树脂与涂层界面失效。

从以上研究结果可以看出,用小颗粒粉体在钛合金基体上等离子喷涂羟基磷灰石涂层具有明显的优势;纳米颗粒在喷涂过程中熔融程度更大,导致在基体表面冷却过程中和基体形成非常紧密的结合;颗粒度的降低也会导致涂层中玻璃相含量的增加,这会使羟基磷灰石涂层和钛合金基体表面结合强度加强。此外,纳米级颗粒在高温喷涂过程中为了降低表面能容易形成更为致密的涂层结构,有利于提高涂层的内聚力。

参 考 文 献

[1] 蔡挺. 热喷涂技术的现状和应用[J]. 广东有色金属学报, 1999, 9(1):59-63.

[2] 王利强, 阎殿然, 何继宁, 等. 热障涂层研究状况及进展[J]. 新技术新工艺, 2002 (3):34-36.

[3] 薛家祥, 黄石生. 等离子喷涂技术的现状与展望[J]. 电焊机, 1994(3):8-11.

[4] BURG K J, PORTER S, KELLAM J F. Biomaterial developments for bone tissue engineering[J]. Biomaterials, 2000, 21(23):2347-2359.

[5] YILDIRIM O S, AKSAKAL B, CELIK H, et al. An investigation of the effects of hydroxyapatite coatings on the fixation strength of cortical screws[J]. Medical Engineering & Physics, 2005, 27(3):221-228.

[6] PARK E, SR R A C, LEE D. Infrared spectral investigation of plasma spray coated hydroxyapatite[J]. Materials Letters, 1998, 36(1-4):1-43.

[7] 王振民, 黄石生, 薛家祥, 等. 等离子喷涂设备的现状与进展[J]. 中国表面工程, 2000, 13(4):5-7.

[8] 陈克选，李春旭. PLC 控制等离子喷涂设备的研制[J]. 兰州理工大学学报，1999
    (1):18 - 21.

[9] 吴承康. 我国等离子体工艺研究进展[J]. 物理，1999，28(7):388 - 393.

[10] 钟儒昆. 热障涂层的等离子喷涂工艺[J]. 船海工程，1999(3):29 - 32.

[11] VURAL M, ZEYTIN S, UCISIK A H. Plasma - sprayed oxide ceramics on steel
    substrates[J]. Surface and Coatings Technology, 1997, 7(1 - 3):347 - 354.

[12] SIEBERT B, FUNKE C, VABEN R, et al. Changes in porosity and Young's
    Modulus due to sintering of plasma sprayed thermal barrier coatings[J]. Journal
    of Materials Processing Technology, 1999, 92 - 93(99):217 - 223.

[13] TAYLOR R, BRANDON J R, MORRELL P. Microstructure, composition and
    property relationships of plasma - sprayed thermal barrier coatings[J]. Surface &
    Coatings Technology, 1992, 50(2):141 - 149.

[14] 杨元政，刘正义，庄育智. 等离子喷涂 Al_2O_3 陶瓷涂层的结构与组织特征[J]. 兵
    器材料科学与工程，2000，23(3):7 - 11.

[15] 吴晓东，翁端，徐鲁华，等. 等离子喷涂氧化铝涂层的结构与性能研究[J]. 稀土，
    2002，23(1):1 - 3.

[16] DERAM V, MINICHIELLO C, VANNIER R N, et al. Microstructural
    characterizations of plasma sprayed hydroxyapatite coatings [J]. Surface &
    Coatings Technology, 2003, 166(2):153 - 159.

[17] FENG C F, KHOR K A, LIU E J, et al. Phase transformations in plasma
    sprayed hydroxyapatite coatings[J]. Scripta Materialia, 1999, 52(42):103 - 109.

[18] SUN L, BERNDT C C, GREY C P. Phase, structural and microstructural
    investigations of plasma sprayed hydroxyapatite coatings [J]. Materials Science &
    Engineering A, 2003, 360(1 - 2):70 - 84.

[19] KHOR K A, VREELING A, DONG Z L, et al. Laser treatment of plasma
    sprayed HA coatings [J]. Materials Science & Engineering A (Structural
    Materials:Properties, Microstructure and Processing), 1999, 266(1 - 2):1 - 7.

[20] CAO L Y, ZHANG C B, HUANG J F. Influence of temperature, [Ca^{2+}], Ca/P
    ratio and ultrasonic power on the crystallinity and morphology of hydroxyapatite
    nanoparticles prepared with a novel ultrasonic precipitation method[J]. Materials
    Letters, 2005, 59(14 - 15):1902 - 1906.

[21] KWEH S W K, KHOR K A, CHEANG P. High temperature in - situ XRD of
    plasma sprayed HA coatings[J]. Biomaterials, 2002, 23(2):381 - 387.